青少年 科普知识 读本

打开知识的大门，进入这多姿多彩的殿堂

不可思议
的大自然

苏 易◎编著

河北出版传媒集团

河北科学技术出版社

图书在版编目(CIP)数据

不可思议的大自然 / 苏易编著. --石家庄：河北
科学技术出版社，2013.5(2021.2重印)
ISBN 978-7-5373-5882-2

Ⅰ.①不… Ⅱ.①苏… Ⅲ.①自然科学–青年读物②
自然科学–少年读物 Ⅳ.①N49

中国版本图书馆 CIP 数据核字(2013)第 095896 号

不可思议的大自然
bukesiyi de daziran
苏易　编著

出版发行	河北出版传媒集团	
	河北科学技术出版社	
地　　址	石家庄市友谊北大街 330 号 (邮编 :050061)	
印　　刷	北京一鑫印务有限责任公司	
经　　销	新华书店	
开　　本	710×1000　1/16	
印　　张	13	
字　　数	160 千字	
版　　次	2013 年 5 月第 1 版	
	2021 年 2 月第 3 次印刷	
定　　价	32.00 元	

前言

Foreword

大自然有许多事情令人不可思议，看起来不像是真的，但却都是事实，这正是大自然的奇妙之处。一旦投身这美丽的大自然中，用心去寻觅，就会邂逅到大自然中那没有止境且又绵绵延伸的神秘故事。诚然，若仅是随意地一瞥，它们不过是一只蝴蝶，一棵小草而已，但如果站在一旁仔细地观察，你就能发现：遇到意想不到的敌人，它们是怎样来防身；为了邂逅异性，它们是怎样使用信号；为了繁殖，它们又是怎样绞尽脑汁和运用技巧。了解这些后，你就会兴趣盎然去观察、去比较各个种类，并迫切想知道其原因何在。

六条腿的青蛙哪里找？为什么有的大树不怕火烧？大海深处有着怎样鲜为人知的奥秘？球形闪电是怎么回事？地球的命运归宿在哪里……大自然变幻莫测，到处充满扑朔迷离的秘密。

　　《不可思议的大自然》涵盖了大自然神秘现象的广博领域，带你领略五彩斑斓的植物世界，形态万千的动物世界，美不胜收的山川景观……本书选用了很多实例及研究发现，科学正确地引导青少年读者认识世界，进而改造世界，使我们的大自然更加美好！

Foreword

前言

第一章　想象不到的动物奇闻

目录

Contents

目 录

Contents

第二章　不可思议的植物奇事

目录

目录

Contents

第五章　奇异无解的气候现象

目录

第六章　叹为观止的宇宙太空

想象不到的动物奇闻

大自然中存在许多动物奇闻。这些千奇百怪的动物都有着不同的"过人之处",让人看后惊叫不已:想象不到!

和蜜蜂抢食的鸟

如今，花粉已经进入高级营养品的行列，用花粉做的食品和药品一天天多起来。然而，你可知道，在人类这样做以前，大自然中的一些动物已经会食用花粉了。

在东南亚和非洲的热带森林中，就有两种专爱吃花粉的鸟。这两种鸟就是太阳鸟和啄花鸟。它们除了有爱吃花粉的共同特点外，还小得出奇，美得出奇。

太阳鸟生活在我国云南省西双版纳的密林中。这种鸟身体很小，体重只有四五克，在鸟类世界中，属于轻量级。太阳鸟的头羽和背羽为墨绿色，腹羽为黄色和紫色，五彩缤纷的羽毛，在阳光下闪闪发光，非常好看。太阳鸟生有月牙形的细长嘴，喜欢停落在枝头上吃花粉和小昆虫。

太阳鸟有许多种，除以上谈到的，还有一种长尾太阳鸟，全身墨绿，拖着一条美丽的长尾。

啄花鸟比太阳鸟还要小，身长仅有 1.9 厘米，体重 3 克左右。它的嘴巴比太阳鸟粗短，喜欢啄食花粉，也吃些花芽、浆果和昆虫。

在花草繁茂的热带丛林中，一只只太阳鸟、啄花鸟正在盛开的鲜花丛中飞来飞去，啄食花粉。它们的羽毛之所以如此美丽，恐怕和花粉的营养有关系吧！

会种树的鸟

秘鲁首都利马的北部，原有一片荒芜的土地，没有人去那里开荒种地，也没有人去那里植过树。但那里却陆续出现了一大片柳树林。

是谁在那里种的树呢？人们经过长期观察发现，这些大面积树林的种植者，原来是一群叫"卡西亚"的鸟。

卡西亚鸟的体形有点像乌鸦，全身长满黑黑的羽毛。和乌鸦不同的是，它们的脑袋是白色的，鸣叫声也不像乌鸦那样"呱呱""哇哇"地单调凄凉，比较好听。

卡西亚鸟很喜欢吃当地生长的一种甜柳树的叶子。它们在啄食叶子以前，总要用尖尖的嘴先把树上的嫩枝咬断，衔着被咬断的树枝，飞到土质比较松软的地方，把树枝放在一边，用嘴在土壤里挖个洞，然后将树枝插进洞里，再慢慢地吃枝上的嫩叶。这样，甜柳枝就被卡西亚鸟无意之中"栽种"在土壤里了。

甜柳树是一种很容易成活的树，要不了几天工夫，插进洞眼里的树枝就扎根生长，几个月后就长成一米多高的小树了。

卡西亚鸟喜欢成群地活动，它们总是聚在一起挖洞插枝，啄食枝上的树叶。真是鸟多力量大，久而久之，小树连成了一片，就形成了大片森林。

植树造林，是造福人类的好事。卡西亚鸟为人类植树，自然受到人类

的爱护。当地群众禁止随意捕捉卡西亚鸟，还尊敬地把它们叫做"植树鸟"。

会笑的鸟

动物中，鸟类无疑算是最会鸣叫的"歌唱家"，在鸟儿聚集的树林里，不断传出有节奏的、悦耳的鸣叫声。在动物园里，鸣禽馆也总是最热闹的地方。鸟儿中最出色的"歌唱家"八哥和鹦鹉，还能模仿其他动物的声音，甚至向人"学舌"。

有些鸟儿的叫声非常特殊。在澳大利亚有一种珍奇的小鸟，它的叫声十分奇妙，活像人的笑声，因而得名"笑鸟"。它鸣叫的时候，声音从轻微的笑声，逐渐变成洪亮的笑声，可持续半分钟。一只鸟叫起来，其他鸟也跟着应和。于是，一呼百应，连绵不绝，周围笑声不断，非常有趣。

笑鸟是翠鸟的同类，它的身长约46厘米，头部显得很特别，羽毛是高高耸起的。笑鸟主要生活在树林里，利用树洞为巢，也常在河边出没，捕食青蛙、老鼠、蜥蜴、昆虫等小动物，它还是捕蛇的高手。

无独有偶，在南美洲的巴西热带森林里，生活着一种叫铃鸟的小鸟，每当炎热的夏季，酷热逼人的时候，树林里几乎是一片沉寂。这时候，小巧玲珑、羽毛美丽的铃鸟就会欢快地鸣叫起来，它的叫声清脆而嘹亮，跟铃声十分相像，此起彼伏，接连不断。人们甚至在两三千米以外的地方，也能听到这种悦耳的银铃般的鸟鸣声。

会缝纫的鸟

在鸟的王国中，缝叶莺以独特的筑巢本领而闻名于世。它主要生活在亚洲南部和东南部，是我国云南、广西、广东、海南、福建等地山林中的常见鸟。它身体小巧玲珑，嘴尖脚细，性情活泼，十分逗人喜爱。

4~8月是缝叶莺的繁殖季节，每当这时，它就开始忙于营造一个属于自己的安乐小窝，为哺育下一代做好准备。缝叶莺筑巢的方法很特殊，它会选用一些大型叶植物，如芭蕉、野牡丹、葡萄藤等的叶片做材料，先用锐利的尖嘴在叶缘1~2厘米的地方啄出一排排小孔，然后用细草茎、蜘蛛丝或野蚕丝做"线"，把自己的尖嘴当"针"，将"线"从小孔中穿过，把叶片缝合起来。每缝一针，缝叶莺还会把"线"打一个结，以防松脱。经过一阵忙碌，巧嘴的缝叶莺就可将几张叶片缝制成一个囊袋。之后，它会把一些嫩枝、草梗铺在囊袋的底部做巢基，然后再垫上柔软的细草、植物纤维、棉絮和兽毛等，一个美丽、舒适、耐用的小"房屋"就建好了。

为了防止"房屋"因叶柄干枯而脱落，缝叶莺会用一些纤维把叶柄牢牢地

系在树枝上。而且，它在筑巢时还会使巢保持一定的倾斜度，避免雨水流进巢中。你看，缝叶莺的设计有多巧妙啊！

琴鸟的音乐天赋

在澳洲东南沿海的山地丛林中，分布着一种能歌善舞的小鸟，因为它的尾部形状酷似希腊七弦竖琴，因此人们称它"琴鸟"和"琴尾鸟"。它是澳洲大陆的特产鸟，是澳洲鸟类家族中最漂亮、最讨人喜欢的珍禽。

琴鸟上身羽毛暗褐色，喉部和两翅、尾巴为暗棕色，尾羽 19 枚，大部分为栗色并镶有黑缘。雄鸟的尾部外侧有一对长达 70 厘米的尾羽，外翎很窄，内翎很宽，尾端向左右弯曲如弓似竖琴，中央有六对细黑稀疏的尾羽披拂着，像一把扇子。它体长 80 厘米，喙坚而且很直，两脚善走，喜欢栖息在危崖峭壁人迹不到的地方，以昆虫、蚁类、草籽为主要食物。

琴鸟不仅外形奇特，美丽非凡，而且歌喉清脆、鸣声悦耳，响似铜铃。没有听过琴鸟啼鸣的人，都以为是人在丛林中奏乐。琴鸟善于模仿，它既能模仿别的鸟叫，也会学人说话，还会模仿马的嘶鸣、狗的吠声、羊的咩叫，就是锯木头的声响，车辆的喇叭响，它也能逼真地学出来。动物学家的统计表明，琴鸟模仿的声音不下数十种，鸟类、哺乳类动物和人类活动的声音它几乎都能学，人们宠爱的巧嘴八哥恐怕也自叹不如。因此，琴鸟被誉为鸟中的"音乐家"是当之无愧的。

除此之外，琴鸟还善舞，尤其是雄琴鸟，它的外形比雌琴鸟漂亮，羽色也艳丽得多，表演能力也高明得多。特别是到了繁殖求偶季节，雄鸟更是施展才华，运用它那娓娓动听的鸣叫和琴尾的频频开屏，向雌鸟求爱。求爱之前，它要为自己选择好献艺的舞台，清理出约 1 平方米的地方，然后便开始多姿多彩的美妙表演。它一会儿站在树枝或岩石上引吭高歌，一会儿跳到地上载歌载舞，接着卖弄它那长长的古竖琴，琴尾向前倒向脊背，盖住它的头，好似高超的杂技演员表演倒踢紫金冠一般。除了在雌鸟面前表演外，它还乐意给不会歌唱的园丁鸟当婚宴上的"乐队"，为园丁鸟的新婚献歌助兴。

军舰鸟

军舰鸟是鹈形目军舰鸟科的统称。是一种大型热带海鸟，全世界目前已知的有 5 种，主要生活在太平洋、印度洋等热带地区，我国广东、福建沿海及西沙、南沙群岛也有分布。军舰鸟得名于其掠夺习性。

军舰鸟一般栖息在海岸边的树林中，主要以食鱼、软体动物和水母为生。它白天常在海面上巡飞遨游，窥伺水中食物，一旦发现海面有鱼出现，就迅速从天而降，准确无误地抓获水中的猎物。但军舰鸟的掠夺习性主要不是指这个，它时常懒得亲自动手捕捉食物，而是凭着高超的飞行技能，拦路抢劫其他海鸟的捕获物。如果它看到邻居红脚鲣鸟捕鱼归来时，便对它们突然发起空袭，迫使红脚鲣鸟放弃口中的鱼虾，然后急速俯冲，攫取下坠的鱼虾，占为己有。由于军舰鸟有"抢劫"行为，人们贬称它为"强盗鸟"。

军舰鸟外表凶猛，可并不捕食其他海鸟，而是利用"威慑力量"来恐吓其他海鸟。它欺负的对象有很多，连鹈鹕、鸬鹚、鲣鸟这些近亲也不放过，其中鲣鸟最受军舰鸟欺负。军舰鸟常用大嘴叼住鲣鸟的尾部，鲣鸟疼痛难忍，不得不张嘴吐出口中的鱼。军舰鸟方才松嘴，然后立即"截击"鲣鸟吐出的食物。在鲣鸟捕鱼的区域内，每只军舰鸟都占领一块专属自己的领域。

即使在内部，军舰鸟也是恶习难改。它们常为一根筑巢用的树枝争执不下，还常乘着其他鸟不备偷来树枝补建自己的巢，甚至会掠走同类的幼雏吃掉。

会侦查的鸟

在哥伦比亚、厄瓜多尔和秘鲁的沿海山地中，生活着夜鹰的近亲——油鸱。它比夜鹰大，颜色跟夜鹰相似。据研究，油鸱跟猫头鹰的亲缘关系比夜鹰更近，它们也是夜行性鸟类。不过，油鸱跟它们的近亲们在食性上有很大的区别，它们以油棕果为食。油鸱的嘴呈黄色，尖端有钩，很适于啄食多肉的果实。每当黄昏降临，大群的油鸱穿飞在树林中，在棕榈树树冠上啄食油棕果。由于它们长期食用一些含油量很大的植物果实，因而在皮下积存了厚厚一层黄色脂肪，它们的名字也由此而来。

在繁殖季节里，油鸱在岩洞中岩壁的凹洼处造巢，它们从嘴里吐出一种黏液，将半消化的果肉粘在一起形成巢壁。

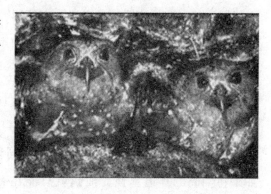

油鸱的幼鸟体内积存的油脂要比成鸟更丰富，印第安人很早就熟悉了这一情况。每年，当油鸱的繁殖季节到来时，印第安人都要在油鸱建巢的岩洞口聚会，举行独特的仪式，然后他们支起大锅，架起旺火，将收集来的成千上万只油鸱幼鸟扔到锅里炼油。据说这种油透明无味，长时间存放不变质。印第安人用这种油点灯并食用。1799 年，德国自然学家亚历山大·冯·汉甫尔德到委内瑞拉探险，他首先看到了印第安人熬炼油鸱幼鸟的情景。而后，他进入委内瑞拉东北部的卡布里岩洞。在那里，他采集到了第一只油鸱标本。他还发现，油鸱聚集的山洞漆黑无比，一派阴森恐怖的气氛。在洞中，火把照耀之处钟乳石林立，发出斑驳的荧光。洞壁上渗出涓涓细流，细流在洞底汇集，跟大量的油鸱粪形成奇特的鸟粪沼泽，不时散发出腐臭。油鸱在漆黑的岩洞里飞行自如，在飞行时，它们还发出尖利的叫声，这更增加了洞中恐怖的气氛。继汉甫尔德之后，很多自然学家和探险家先后探查了卡布里洞，但他们大多没有什么新的发现。直到 1953 年，美国康奈尔大学的教授敦尔德·格里芬根据人们记述的情况提出，油鸱之所以能够在漆黑的山洞中任意飞行，可能是因为它们具有跟蝙蝠相似的回声定位的本领。由于格里芬曾在学生时代对蝙蝠作过长期的研究，所以他提出的这一论点被人认为是带有倾向性的推测。一年以后，格里芬为了验证自己的假设，跟委内瑞拉著名的鸟类学家小威廉·菲尔普斯一起前往卡布里山洞，进行了继汉甫尔德之后又一次成就卓著的探险。他们携带了全套的研

究仪器，其中有示波器、录音机、变频器、各种电子光源、高感光胶片等。所有器材都是为了在微光下记录并分析高频声波。他们沿用了研究蝙蝠的传统方法：将捉住的油鸥塞住耳孔后再放掉。

经过大量的试验，油鸥的定位方式终于被揭示出来了。

在夜晚，油鸥飞行时发出尖利的叫声，叫声在山野间产生很大的回声，油鸥就是凭借这些回声来确定食物、同伴及障碍物的方位。格里芬发现，如果将油鸥的耳道塞住，油鸥就只能在有光的条件下飞行，这跟蝙蝠是一样的。

但跟蝙蝠不同的是，油鸥发出的声波在人耳能听到的范围内，而蝙蝠发出的超声波，人耳是听不到的。另外，油鸥一般发出的噪叫声的频率在7000赫兹以下，而在黑洞中或遇到障碍物时，它们发出的声音比平时叫声尖利，而且越接近障碍物，叫声越尖。格里芬测定，这种尖叫声的频率在7000赫兹以上。

格里芬和菲尔普斯的发现，使油鸥名声大振。1958年，委内瑞拉政府在卡布里岩洞建立了国家公园，并在岩洞内设置了完善的电子光源。从此以后，成千上万的旅游者慕名前来，亲眼见到了这奇特的"带雷达的鸟"。

嘴巴特别大的鸟

在南美洲亚马孙河河口一带的果园里，果树上长满了五颜六色的果实，空气中散发着一阵阵果香，可惜到处聒噪的沙哑的鸟叫声破坏了果园的宁静。

是什么鸟在这儿大吵大闹呢？走进果园就会发现：果树地上栖息着成群的

大嘴巴鸟，唧唧喳喳地叫个不停。这种鸟正是由于嘴巴特别大，而被叫做巨嘴鸟。

巨嘴鸟一般身长 50 ~ 70 厘米，可它又粗又壮的大嘴竟占身长的 1/3，最大的甚至占整个身长的 1/2。这种鸟的嘴的大小和身长的比例是多么不协调啊！看到它这副嘴脸，真让人担心它怎样保持全身的平衡。那么粗壮的大嘴，会不会令它的脖子不堪重负呢？

其实，要搞清巨嘴鸟的巨嘴没有成为它沉重负担的原因并不难。你只要将它的巨嘴剖开一看就会明白。原来它的嘴并不是一个结构紧密的实体，而是像海绵一样，中间有许多空隙，几乎是空心的。因此，看起来沉甸甸的大嘴，实际上却很轻。所以巨嘴鸟能够上下左右、俯仰自如。

巨嘴鸟常常成群结队地栖息在树顶上，张着大嘴高声鸣唱。只可惜它的歌喉不像一般鸟儿那样悦耳，而是像破锣一样沙哑难听。好在它的长相还算奇特可爱，嘴巴和羽毛的颜色也很鲜艳，因此，还受到一些人的喜爱。

巨嘴鸟主要以各种水果为食。它吃东西的方式也很奇特，先用尖嘴把食物啄下一小块，仰起脖子，把食物向上抛起，再张开大嘴，食物一下子就掉进喉咙里，而不必经由奇长无比的大嘴，把时间花在"吞"的过程上。

奇特的秘书鸟

在非洲，有一种样子独特的鸟，它体高近 1 米，羽毛大部分为白色，嘴似鹰，腿似鹭；中间两根尾羽极长，达 60 多厘米，如同两条白色飘带。因为它们头上长着几根羽笔一样的灰黑色冠羽，很像中世纪时帽子上插着羽笔的书记员，所以得名秘书鸟，它的科学名字叫蛇鹫。

有关秘书鸟的身世众说纷纭。因为它们的嘴像鹰，所以有人认为，秘书鸟跟鹰鹫类相似并有亲缘关系。但经过研究发现，秘书鸟除了嘴和爪以外，很难再找到跟鹰鹫类相似的地方。倒是在某些结构上，秘书鸟更像南美的红鹤，因此人们推论，秘书鸟可能和红鹤是远亲。时至今日，秘书鸟的归属问题仍未圆满解决，所以我们暂不多论。

初看秘书鸟，你会觉得它像鹭类，因为它们腿很长，取食方法也跟鹭相似。它们成对或成小群在草原上游荡，以地面小动物为食。有些鸟类学家曾同秘书鸟做过这样的"游戏"：他们骑在马上向秘书鸟飞奔，这时秘书鸟便放开大步急奔逃跑，它们的奔跑速度之快，为奔马所不及。但秘书鸟在同奔马赛跑时，体力稍显不济，它们很快就会疲劳。可是，奔马冲来时它们为什么不飞，难道它们不会飞吗？不，秘书鸟会飞，而且飞得很快。只不过它们好像不愿飞行，被奔马追赶时，它们宁愿在地上快跑。鸟类学家对此大惑不解，因为它们的确飞得不错呀！飞行时，它们颈向前伸直，长腿向后并拢，长长的两根尾羽飘带般地飞舞，如同仙女飞天一样。时至今日，鸟类学家仍在对秘书鸟"不愿飞"作细致的研究，但收获甚少。

秘书鸟的另一惊人之处在于它们擅长捕蛇。许多年以前，一位鸟类学家曾报道，一只秘书鸟捕食了一条长达6米的蛇。这引起了轰动，于是，很多人开始细心观察秘书鸟的捕食。但是，人们发现它们最常吃的是小鼠、蟾蜍和昆虫，甚至有人看见它们捕食龟，就是没人看到过它们捕蛇。于是，人们开始怀疑，秘书鸟是否真能捕食蛇。

无独有偶，20世纪50年代，自然学家冯·索莫伦博士报道了他的惊人发现，又一次证实了秘书鸟能捕蛇。

一天，博士正在观察秘书鸟采食。突然，一条1.2米长的眼镜蛇爬向秘书鸟。秘书鸟发现蛇后，开始飘忽不定地移动脚步，同时频频扇动双翅，像一个步法灵活的拳击手在迷惑对手。

在跳动一段时间后，秘书鸟突然用爪抓住蛇，同时用嘴飞快地咬住了毒蛇头后的要害部位。蛇翻卷挣扎，而秘书鸟频频扇动双翅对抗蛇的扭动。最终，秘书鸟大获全胜，一条毒蛇葬身鸟腹。

在索莫伦博士的《同鸟类在一起的日子》一书中，记述了很多秘书鸟捕蛇的情景，这些记述表明，秘书鸟确实能捕蛇。有时，蛇太大，不能一举使它毙命。秘书鸟便叼起蛇飞向天空，在高空上松开嘴，让蛇摔到坚硬的地面上一命呜呼。甚至小秘书鸟也精于捕蛇之术，有时它们还以蛇为"玩具"嬉戏。

不过秘书鸟遇到蛇的机会较少，因而很少有人看到它们捕蛇。专家们认为，秘书鸟的脚表面有很厚的角质鳞片，这是防备毒蛇利齿的最好铠甲。再者，秘书鸟的腿很长，很难被蛇缠住身体。这些都是秘书鸟捕蛇的有利条件。

秘书鸟的行动也很灵活。一位摄影师曾在东非的一条公路旁偶然发现一只秘书鸟在做"空翻"动作，他拍下了这组珍贵的镜头。

这只秘书鸟在做什么"表演"呢？原来，这只落在地上的秘书鸟正把一个草团抛向空中，接着它腾空而起，在空中翻了一个漂亮的筋斗，然后双足落地，挺直身体。

起初，这位摄影师以为这是一只雄秘书鸟在向雌秘书鸟炫耀求爱。可是，除了这只秘书鸟外，周围并无其他秘书鸟，并且，鸟类学书籍中也没有记载秘书鸟会用"舞蹈"的形式"求爱"。

那么，这只秘书鸟在干什么呢？摄影师百思不得其解。

于是，他带着照片请教了当地的鸟类学权威。这些鸟类学家们认为，照片上记录的这只秘书鸟，当时可能是在躲避草团中一条没被抓牢的蛇，而并非在"求爱"。

秘书鸟是终生配对，"一夫一妻"制，雌、雄秘书鸟从配对到死亡很少分开。每年繁殖季节中，雌、雄鸟交配后便共同在低矮、平顶的树上建巢。它们特别喜欢阿拉伯橡胶树，因为这种树叶小，枝密，树冠平坦，极适于造巢。况且，这种树是稀疏地生长在旷野中，树冠之上视野十分开阔。秘书鸟的巢很大，直径约1.8米，深0.3米，架在树顶上像一个大平盘。雌鸟产卵2～3枚。有趣的是，秘书鸟产卵时正逢雨季，食物丰富；但雏鸟孵出却是在旱季，食物相对缺乏。起初，鸟类学家对此不理解，但经过仔细研究发现，在旱季，秘书鸟生活的非洲草原上常发生荒火，荒火过后，那些被烧死、烧伤的动物便成了秘书鸟的口粮，这真是奇妙的适应。小秘书鸟出生后，在巢内大约要停留3个月，这期间，"父母"靠回吐半消化的食物喂养"子女"。小秘书鸟出生后几个星期就长出了极富特征的羽笔状冠羽，待它们飞出巢时，全身已披上了同它们父母一样的羽衣。就这样，新一代的秘书鸟又在非洲大草原上开始了它们神秘而奇特的生活。

鸟族隐身术

　　冬天的黑龙江省格外寒冷，经常是大雪纷飞，显示出北国的独特风光。人们在雪后的田野里行走，周围异常寂静。突然，不远处"啪啦啦"地飞起一群白色的鸟，落在附近的桦树上，不时地用警觉的目光巡视着人们。它们形似大白鸽子，腿上长着不少羽毛，几乎看不到脚趾；夏季，还是在这些地方的灌木丛中，会钻出一对对栗褐色的"大鸽子"，与冬天看见的形状一模一样，就是羽色大不相同了。它们同是一种鸟，可羽色为什么有这样大的区别呢？这就是要向大家介绍的，会使用"隐身法"的雷鸟。

　　我们知道，鸟类在生活过程中，它的羽毛要经受着风吹、日晒、雨淋等自然现象的侵袭，彼此间，尤其是同种的雄性间，在繁殖时期经常为争夺配偶而厮斗，弄得羽毛支离破碎、残缺不全；在平日活动时，常会被树枝碰剐，再加之气候的影响，导致鸟类需要更换新的羽毛。绝大多数鸟类一年换两次羽毛，即一次冬羽和一次夏羽。雷鸟却不然，一年之中伴随着春、夏、秋、冬季节，要换四次羽毛，是鸟类中换羽次数最多者。春风呼唤着沉睡的大地，使万物从隆冬中苏

醒，树枝长出嫩芽，小草从湿润的泥土中偷偷地钻了出来，广阔的原野开始有了生气。感觉灵敏的雷鸟，将头部、颈部及胸部的白色冬羽，立刻换上带有暗色横斑的棕黄色"春衣"，配上红色的眉纹，显得格外别致。盛夏来临，骄阳似火，树木枝叶茂密，庄稼苗壮成长，一片郁郁葱葱，雷鸟从头至尾，又换上一身栗褐色的羽衣，只在翅膀和尾部先端还留有白色羽毛。

秋天，家燕南去大雁飞来，田地山坡一片金黄，秋庄稼谷粒饱满。树上的叶子在凋落前，"竭尽全力"发出诱人的红黄色彩，好像是再留给人们一点美的享受。这些因素似乎给了雷鸟换羽的信号，它急忙脱去了"夏装"，穿上具有黑色带斑和块斑的暗棕色"秋服"，一群群在草丛中忙碌地觅食。

"霜降"一过，寒风刺骨，冰天雪地，雷鸟适时摇身一变，换了一身白色的"冬衣"，活动在雪地之中。雷鸟为什么具有这样频繁换羽的特性呢？从分类上雷鸟虽然也属于鸡类，但它并不长有鸡类那样坚硬的嘴和锐利的距，个体又比较弱小，体长仅300多毫米，遇有敌情时，一没有强壮的身体，二缺乏进攻的"武器"，只好凭借一手高超的"隐身法"，使羽色与所栖息的环境巧妙地协调一致，避开敌害的视线，从而免遭杀身之祸。雷鸟的这种本领，是经历了多年的自然选择，形成的应时变换羽毛颜色的本能，生物学上把它叫做保护色。雷鸟的这种保护色适应性，成了研究物种进化与自然选择的一个典型例子。雷鸟是典型的寒带鸟类。冬天，多靠近河边、农田以及小片树林活动；夏天和秋

天，则活动在桦树林和松林苔藓沼泽地带。它们主要在地上生活，并能在疏松的雪层上行走，动作敏捷迅速，常集成一二十只一起活动。每年4～5月份进入繁殖期，此时雄鸟时常鸣叫，叫声比平常响亮，相比之下，雌鸟却显得沉默而安静。

它们的巢大都安置在草丛和灌丛中，成椭圆形的小坑洼，内里铺垫一些干草和树枝。每窝平均产卵 10 枚，卵的颜色为淡黄色并带有一些淡褐色斑点。雌鸟在巢内孵卵，雄鸟在巢周围巡视，担负着保护雌鸟安全的重责。23 天以后，雏鸟逐个问世，雄、雌雷鸟高兴地带着它们的"孩子"，不辞辛苦地各处觅食，来抚养它们的后代。

雷鸟主要吃植物性的食物，比如桦树、山杨树的嫩枝芽，以及野生植物的花蕾和浆果，有时也在农田附近啄食一些谷粒。

雷鸟有 4 种，我国有 2 种，即岩雷鸟和柳雷鸟。岩雷鸟分布在新疆；柳雷鸟则分布在黑龙江流域，前面所介绍的就是这种。

雷鸟的肉味鲜美，绒羽价值高，是我国重要的产业狩猎禽之一。由于它的羽毛颜色四季有变，饲养在动物园里颇有观赏价值。

雁族趣闻

据古籍记载，我国人民在 4000 多年前就已把野生的鸿雁驯化成家鹅。也是在 4000 多年前，古埃及人驯化了灰雁。可见人类对雁的认识从那时就开始了。据考证，雁字就是古人根据雁和人的关系而创造出来的。《说文解字》中对雁字有这样的解释："雁，知时鸟，大夫以为挚，婚礼用之，故从人、从佳。"意思是说，雁是季节性迁徙鸟类，官宦人家把它奉为上品，婚礼时用它待客，因此雁字由人和佳两部分组成。从这段文字中可以看出，古人已经知道雁的迁徙跟季节变化之间的关系。在历代文学中，以雁为题的诗句很多。

唐代诗人赵嘏曾写道："晓发梳临水，寒塘坐见秋。乡心正无限，一雁度南

楼。"诗中以雁作诗抒发诗人的思乡之情。著名诗人白居易也有诗曰："风翻白浪花千片，雁点青天字一行。"诗中描绘了秋日群雁南飞的美丽景象，这里"雁点青天字一行"是指雁群在天空迁徙飞行时组成的一字形飞行队列。

现代科学家对雁的研究非常广泛深入。曾因研究动物行为模式而被誉为"行为学之父"的康罗·洛伦兹就是研究雁的专家。在他的主要著作，如《所罗门王的戒指》《攻击与人性》中，对雁的行为有大量的描述。这些著作是动物行为研究的经典，也是非常畅销的文学性很强的科普读物。文中妙语连珠，趣味横生，令人爱不释手（《攻击与人性》一书已在我国翻译出版）。

实际上，只要你留心观察，就能发现许多雁的有趣行为。在我国，每年春分雁北归和秋分雁南飞时，是观察雁的最佳时机。在空中，迁飞的雁群总是排成整齐的队伍，忽而是人字形，忽而又变成一字形。不论它们排成什么队形，雁群总是发出"嘎嘎"的鸣叫声，这是雁在互相联络，就如同飞机编队飞行时飞行员之间用无线电联系一样。在迁飞时，雁队的飞行方向、编队队形的变化，都是由领头的头雁指挥的。这些头雁往往是由经验丰富的雁来担任。由于领飞时体力消耗很大，所以头雁经常更换。

在地面栖息时，雁也常常集群。当大群的雁在湖中水畔嬉戏时，雁群中总有少数几只在担负警戒。一旦遇到险情，警戒雁马上发出警报，全群就会立刻飞逃。

雁对天敌有先天性的逃避本能，它们对任何有毛皮的、红棕色的物体或行动诡秘的动物甚至人造的狐狸模型都有强烈的警惕性。而且，它们对其他雁受惊吓时的姿态也非常敏感。目前，一些国家就是利用雁的这一特性，制作很多受惊吓姿态的假雁模型，并把它们安置在田间或机场，雁群见到这些模型便会逃走。这种方法不会伤害雁，又能有效地避免雁群对农作物或飞机造成的危害。

我国古代就已有人了解雁的这种警戒行为，并根据雁的这一习性编出《白雁落网》的寓言。相传，在太湖之滨栖息一群大雁，它们怕来人捕捉，便安排一只雁在雁群周围巡夜放哨。每当猎人接近雁群时，哨雁就鸣叫报警。猎人们很熟悉雁的这套办法，他们想出一个主意：在捕猎时，猎人们先举起火把照耀雁群，哨雁一见便鸣叫报警，但猎人闻声便立即熄灭火把。群雁被哨声惊醒，但环顾四周却毫无动静，于是就又睡了。这样连着折腾几次，群雁以为哨雁在寻它们开心，于是群起而啄之。没一会儿，猎人们又举着火把来到雁群边，这次哨雁再也不敢叫了，于是猎人们便把酣睡的群雁一网打尽。

虽然寓言不一定是事实，但其中所讲的雁群的栖息方式和警戒行为确是真实的。雄雁一般体型较大。它们生气时，双翅展开，脖子前伸，"嘎、嘎"地叫着冲向对手。它们用嘴使劲儿咬住对方，然后扇动翅膀向后拽，直到对方发出投降信号。由鸿雁驯化成的家鹅也保留这一习性。时至今日，还有人饲养雄鹅看家护院。看家鹅非常厉害，遇有生人进门，它们像狗一样冲上前去，拉衣扯袖，十分凶猛。只有主人发令，它才会松嘴。

在野生状态下，也常有大群雄雁围攻天敌的现象。雁的攻击性在繁殖期表现得最明显。大部分雁类在繁殖期由雌雁孵卵，雄雁警戒，这时很少有天敌轻易地去冒犯它们。幼雏出世后，雌、雄雁一起带子女外出觅食。

这时每个"家庭"都有自己的领地，如果其他同类侵入，雄雁会毫不客气地动用武力。雄雁击溃入侵者时，雌雁和子女们会发出欢快的叫声以示祝贺，雄雁闻声非常得意，也提高嗓门大声为自己的胜利"欢呼"。行为学家把这称为"胜利仪式"。

大部分人认为，雏雁出生后就认识自己的双亲，但事实并非那么简单。洛伦兹发现，如果在幼雏刚刚出壳时就被拿出雁巢，幼雁会很快跟饲养人员或它初次见到的物体建立联系，并认他们为母亲。洛伦兹本人就曾成功地扮演过一只小灰雁的母亲的角色。那只小灰雁刚一出壳，洛伦兹就把它拿回家抚养。结果，这只小灰雁把应向它父母表现的行为全部转向洛伦兹。小灰雁跟着洛伦兹到处走动，甚至养成爬楼梯走进洛伦兹卧室的习惯。后来，洛伦兹经过更多的实验，证实包括灰雁在内的许多动物在出生后很短的时间内，有一个快速学习记忆的过程，它们就是靠这一过程认识双亲的。1935 年，洛伦兹正式提出这种铭记现象。

小野鸭也有明显的铭记现象。1935 年洛伦兹提出铭记现象以后，不少鸟类学家就用野鸭来验证洛伦兹的理论。结果发现，野雏鸭能识记它出世后第一眼见到的人，还能识记并跟随假鸭模型。鸟类学家用线牵着小鸭铭记过的母鸭模型移动，同时模拟母鸭的叫声，小野鸭便紧随其后，甚至在前进道路上摆个小

木块，小野鸭也会想方设法地爬过去追赶"母亲"。近几十年来，这种实验不断丰富，鸟类学家们开始做新的实验了。他们先给小野鸭找一个模型母亲，也就是让小野鸭出生后首先铭记假母亲。然后把小野鸭放回自然界它的真母亲附近。

结果发现，小野鸭很快就跑向真母亲身边，并对假母亲渐渐疏远了。这是为什么？难道洛伦兹错了吗？

事情变得复杂起来，鸟类学家海斯和他的学生们开始另辟蹊径。他们这个研究小组开始着手深入研究雌野鸭的孵卵过程。他们把微型麦克风插在野鸭巢的底部，然后跟录音机相连。他们发现，孵卵的雌野鸭在开始孵卵后的第四个星期开始发出"嘎嘎"的低声鸣叫。这声音极其微弱，而且每声只持续150毫秒。这时，被孵化的卵里面发出"叽叽"声。这些声音起初很小很少，随着时间的推移，雌野鸭的叫声越来越频繁，卵里的"叽叽"声也愈来愈高，随后雏鸭就出生了。在雏鸭出生后1小时，雌野鸭和雏鸭之间的啁啾声次数比雏鸭刚出生时增加4倍。野鸭雏出世后的第16～32小时，雌野鸭便离巢游向水中，接着它发出急促的呼唤声，每分钟发声快达40～60次。于是，野鸭雏纷纷出巢，跑向母亲。

这一实验说明什么问题呢？海斯等人作出如下的新解释：野雏鸭在卵中第27天已经听到母亲的呼唤声，它们以"叽叽"声回答。在雏孵出后，雌野鸭的低声呼唤声和野雏鸭的回答声更加频繁，这实际上加强了野雏鸭对母亲的铭记。最后，在出生16～32小时后，野雏鸭在母亲的召唤声中离巢，这时，雏鸭和母亲之间的联系已十分密切。因此，确切地说，在野生状态下，野雏鸭在卵内被孵化的第27天起就开始铭记母亲。这一过程中听觉起主要的作用。野雏鸭出壳后，视觉、听觉一起起作用，使野雏鸭进一步确认母亲。如果在野雏鸭孵出后才将它与母亲分开，野雏鸭便很难再"铭记"假母亲。洛伦兹的理论并非不正确，只是继他以后的实验和理论更加精确。

鸭和雁都是我们非常熟悉的鸟，千百年来，它们跟人类结下了不解之缘。它们种类众多，数量很大，是一类很好的狩猎鸟。它们的肉是可口的野味，飞羽可制成羽扇，绒羽可制成上乘的御寒用品。因此，鸭、雁养殖利用有很好的前景。但是，过度捕猎和环境污染已经导致鸭、雁的生存危机。目前，夏威夷雁由于上述原因已濒于灭绝，到1950年全世界就只剩下50只。由于夏威夷政府和英国斯霍姆布里奇野禽组织的共同努力，到20世纪70年代，夏威夷雁的数量恢复到1000只。我国的鸭雁资源也曾一度受到严重破坏。1974年，某省为出口曾收购野鸳鸯约1.3万只，而我国野生鸳鸯的总数可能还不足10万只。幸好这种情况在我国已受到有效控制，否则后果不堪设想。所以，处理好自然资源保护和利用的关系，是我们面临的重大课题。

会上树的鸭子

人们往往用鸭子作比喻形容"笨拙"。是的，鸭子那肥胖的躯体，坠得它难以迈步，两条短腿偏偏生长在躯体的较后位置，勉强支撑着身体，走起路来形如醉汉，左摇右摆，蹒跚可笑。就这样一个笨头笨脑的家伙，怎能使人相信，在自然界中还能选择在树洞中做巢，能灵巧地飞上飞下，稳稳当当地停在树上呢？

然而它就能做到，因为它不是一般的野鸭，而是叫做"秋沙鸭"。大多数野鸭的巢址，都选择在湖泊、河流岸边的杂草丛中，蒲苇滩里的凹地上，堤岸附近的浅窝里或芦苇丛中的低洼处。但秋沙鸭却出人意料地选中天然树洞，作为它们生儿育女的窝巢，真可谓高高在上，鸭中之骄子。秋沙鸭在全世界有7

种，我国分布着4种，它们是斑头秋沙鸭、普通秋沙鸭、红胸秋沙鸭和中华秋沙鸭。其中除红胸秋沙鸭不在树洞中营巢外，另外三种均在树洞中"安家"。

现在我们着重介绍中华秋沙鸭，因为它是我国的特产，繁殖主要在我国，可数量非常稀少，已被列为我国的第二类保护动物。

中华秋沙鸭头上生有两条冠羽，好像姑娘的一对乌黑辫子。雄鸭头和上背都是黑色，下背和腰为白色；雌鸭的头为棕褐色，上体呈蓝褐色。繁殖地仅在内蒙古的呼伦贝尔盟，黑龙江省的小兴安岭、镜泊湖以及吉林省的长白山地区。

长白山区的4月，天气尚未转暖，中华秋沙鸭便急忙从温暖的南方赶回这里，聚集在茂密森林的小河中，双双对对地追逐、戏耍，有的则躲在一旁，窃窃私语地"谈情说爱"，选择自己中意的"伴侣"。"恋爱"如果进行得顺利，它们不久就订下"婚姻"，一同飞到溪旁的大树上，选一个适宜的树洞，"夫妻"共同布置"洞房"。这时雄鸭很机警，它匆忙地出入几个树洞，布下"迷魂阵"，使它们的敌害一时弄不清究竟哪个树洞才是它们真正的巢，借以保护"家庭"的安全；但它又很"无情"，"蜜月"一过，就撇下雌鸭独自在巢内孵卵。它不但不去替换，就连雌鸭的饥寒冷暖也不去过问，更有甚者，哺育雏鸭的责任，也全都推给了雌鸭承担，真是个"负情郎"。

雌鸭性情温和，任劳任怨，在孵卵饥渴之时，只好趁中午气温较高的时候，飞出洞外，匆忙地找些鱼虾和昆虫吞下后，又急速返回洞中。一个月之后小生命相继问世，雌鸭虽然累得筋疲力尽，但心里高兴极了。它爬出洞口跳下树来，

"嘎、嘎"地召唤着"孩子们",小鸭闻声后,一个个从 10 多米高的树上勇敢地跳下来,跟随着它们的鸭妈妈,欢快地在水中游来游去。小鸭天生就有一手高超的潜水本领,遇到危险时,一下子就钻入水里,动作十分敏捷,令人惊叹不已。

七面鸟

在美洲的特种鸟类中,有一种世界闻名的野生禽类,叫吐绶鸡,在动物学上属吐绶鸡科。吐绶鸡又叫火鸡和七面鸟。如今它已被驯化为一种普通家禽,遍布世界各地,欧、美最多,亚洲较少。在美洲一些地方,可能还有少数野生的吐绶鸡残存着。这种鸡形似家鸡,嘴大,稍有弯曲,头部裸露,喉下垂有珊瑚状红色皮瘤。

吐绶鸡惹人注目的地方,是它的脸,从它的面部颜色,能看出它的情绪变化。当它安静时,它的头顶和下颏的肉质垂就呈肉白色,而且收缩为正常状态,头上出现枣核般大小的肉冠;当它激怒时,脸部马上由红色变白,渐变为青蓝色,蓝紫色,而且肉质垂下垂,两只翅膀展开拖地,像孔雀开屏那样,扩展开的尾羽呈扇状,同时嘴里发出"咔咔"的叫声,并不断地向前冲。

人们根据它这一神秘的特点，送给它两个雅号："七面鸟"或"火鸡"。它为什么会产生这种神秘的"表演"？这种"表演"与环境的变化、异性交尾、繁殖后代到底有什么关系？这些问题，很早就引起了动物学家的注意，但至今仍是个谜，没有科学的解释。

野生的吐绶鸡相貌威猛，羽毛呈青铜色，尾羽、翼羽浓紫，并镶有黑色或绿色条纹。远望金光熠熠，十分美丽。吐绶鸡体形高大，公鸡高 1 米多，平均体重 12~18 千克；母鸡高 80 厘米左右，重 8~9 千克。胸饱突，背宽长，腿长大，趾挺直，并有发达的胸肌和腿肌。

吐绶鸡的尾羽可分展成扇状，一般为 18 枚。羽毛颜色随品种而变化，有青铜色、黑色、白色、赤黄色、暗黑等。家养的吐绶鸡目前有尼古拉火鸡、贝蒂纳火鸡、青铜火鸡等。

吐绶鸡的生殖期每年有两次，一次在 3 月，一次在 8 月，每次产卵15~20 枚，最多年产 60~70 枚，每枚卵重 75~80 克。卵壳一般呈浅褐色，上面布有深色斑点。产卵后，吐绶鸡就巢孵卵，经 27~28 天孵育，雏鸡就出世了。

刚出生的小鸡，十分怕冷、怕湿，照料不周，极容易死亡。

吐绶鸡除少数野生品种在其故乡南美洲尚有生存外，大部分为人工饲养。殖民主义者入侵美洲后，吐绶鸡开始传遍世界各地。最先传入西班牙，接着传至英、法等国家。现在世界各处都有养殖，它已被驯化为重要的大型肉鸡。

蝼蛄的情歌

　　蝼蛄也叫蝲蝲蛄，是一种在土里钻来钻去的地下农业害虫。在土质疏松的地区，数量尤其多，活动猖獗。它钻行地表之下，咬食作物根部，造成作物枯死。蝼蛄主要在晚间活动，时常可听到一片咕咕的鸣声，这种声音可全是男声合唱，因为只有雄蝼蛄的翅膀才能摩擦出声音来。其实它们是在唱情歌，为招来蝼蛄姑娘前来幽会，以便生儿育女。沉默羞涩的蝼蛄姑娘常被这种动听的歌声所打动，并姗姗地爬到雄蝼蛄身旁。当然它们爱情的唯一后果就是使当地蝼蛄的数量增多，加重对农作物的危害。

　　我国的昆虫学家为了消灭蝼蛄，最近试验了一种声诱法，就是用灵敏的录音机，先行将雄蝼蛄唱的情歌一首首地录下来，然后需要时在晚间于田野中以大音量进行播放，在这雄壮多情的歌声感召下，果然蝼蛄姑娘成群结队地奔向录音机。这样人类对它们进行消灭当然十分方便而容易，农作物也受到了保护。

　　可是，当昆虫学家们将蝼蛄情歌在各地播放时，却发现了一个新问题，就是各地"听众"多寡不一。如把北京蝼蛄小伙子唱的情歌磁带在北京附近播放时，可深得雌方欢心而使之趋之若鹜，但要是拿到河南播放，却得不到当地蝼蛄姑娘的青睐。原来那里的姑娘听不懂或不爱听北京蝼蛄小伙的情

歌，它们只对河南蝼蛄小伙子唱的情歌感兴趣。由于发现了蝼蛄这种方言上的差别，所以现在所录歌声，一定要在磁带盒上注明演唱者的籍贯，以避免使用时发生误会，影响效益。

粉蝶为什么钟爱菜地

　　粉蝶是粉蝶科蝶类的总称。我们常见的粉蝶多为菜粉蝶。粉蝶是一种体形较小的蝴蝶，我们经常在白菜地、萝卜地里看到菜粉蝶在翩翩起舞；一会儿飞到这棵菜叶上停停，一会儿又飞到那棵菜上落一落，就好像是跳舞跳累了要歇息一会儿似的。

　　为什么粉蝶习惯在菜地里飞舞呢？

　　这还要从粉蝶的生活习性谈起。粉蝶的幼虫是专门为害甘蓝（又叫洋白菜、圆白菜）、大白菜、萝卜等蔬菜的，菜叶常常被咬得千疮百孔。但这确实是粉蝶的美餐。粉蝶的幼虫十分喜食菜叶，它们也就在菜叶上产卵。这是粉蝶在长期进化过程中的一种适应。既然这是一种进化适应，菜粉蝶又是怎样知道哪儿是菜地的呢？

　　原来，像白菜、萝卜、甘蓝等蔬菜都含有一种叫芥子油的化学物质，这种气味能被菜粉蝶的触角

"闻"到。当它们"闻"到芥子油的气味时，就会毫不犹豫地飞去，并在菜叶上忙忙碌碌地产卵。有人做过这样的实验，把浸过白菜汁的纸放在田野里，过一段时间引来了菜粉蝶；被引来的菜粉蝶毫不迟疑地在纸上产了卵。也有人做过另一个实验，把菜粉蝶的触角剪掉后放飞，发现它就会毫无选择地在任意植物叶子上产卵。也就是说，蔬菜散发出的气味吸引着菜粉蝶来到菜地里产卵。

苍蝇的奇异传闻

苍蝇忙忙碌碌，从这儿飞到那儿，传播着病菌。可是，每当它停下来的时候，总是那么匆匆忙忙地把脚搓来搓去，好像它十分爱干净似的。为什么苍蝇一停下来就匆忙搓脚呢？

原来，昆虫的各种感觉器官并不像人或其他动物那样。如尝味的味觉器官，人和一些动物是用舌头来尝味的，味觉器官在舌头上。然而昆虫就不同了，它们有的用触角尝味，有的用口器尝味，有的用足尝味，还有的用产卵器等尝味。据研究，苍蝇是用足来尝味道的。

苍蝇极为贪食，又很活跃，无论干的、湿的、脏的、干净的东西或地方，无所不去，无处不停。这样一来，它的脚上自然免不了要沾上许多东西，自然会影响它品尝食物。这样，它就形成一停下来，总是把脚搓来搓去的习性，从而清理脚上沾着的东西，常保味觉器的敏锐性。

苍蝇习惯待在粪便、腐败的动植物和垃圾等脏东西上。这些脏东西布满了大量形形色色的细菌。苍蝇吃在这里、拉在这里，可它为什么不会生病呢？

原来，病菌之所以致病是有一定条件的。除了适宜的环境条件外，专一性也是致病的重要原因。这就和狼吃兔子，不吃草相似。我们把狼比作病菌，兔子比作某种能受病菌侵染致病的动物，而把草比作苍蝇。苍蝇在脏的地方，把大量的病菌吃到肠道内，粘挂在身上。据报道，一只苍蝇身上竟带有 600 多万个病菌。这些病菌可在苍蝇体内生活繁殖。但是由于在长期历史进化的过程中，苍蝇与病菌都形成了一种适应。因此，虽然苍蝇专门待在脏地方，也不会生病，只是携带病菌而已。正因为苍蝇带菌不生病，近年有人利用密闭法养殖苍蝇，利用蝇蛆来做禽畜的动物性饲料，为禽畜提供了一种新的饲料源。苍蝇也有了有益于人类的地方。

蚂蚁趣谈

蚂蚁是集群昆虫，过的是群体生活，它们各自都有自己的家。大多数蚂蚁的家是在地面以下的，但在那里它们不易找到丰富的食物。

当天气晴暖的时候，我们常常看到一队队蚂蚁在地面上忙碌地爬行。若仔细观察，或你在它前方撒上一些面包屑时，你就会看到，当它们抵达食物所在地时，就开始搬运你为它们准备的美味了。若一只蚂蚁搬不动时，就会有两只、三只或更多的蚂蚁一起上来，共同搬运。当它们得到食物后，除了充饥外，还

会顺着它们来的路秩序井然地爬回它们的家里，将食物拖回储存，供以后美餐。如果中途不发生意外的话，它们一般都能安全地回到家里。

难道蚂蚁能认识路吗？它们就不会有迷路的时候吗？

据实验证明，蚂蚁依靠嗅觉来辨认归途。

不信，你可试一试，在它们取食的路上，你用手指划一些线，看它们是否能沿来路顺利地回家。

蚂蚁埋尸

一只蚂蚁死在窝里，几只同窝的蚂蚁把它拖出窝外，走了一段路，它们把尸体放在地上，然后把尸体埋起来。至于为什么蚂蚁千千万万代遗传下来这种"土葬"方式一直是个谜。

蚂蚁过着群居生活，它们个体之间怎样互相说话、互相联系呢？原来它们是用嗅觉说话的。蚂蚁头上有一对触角，这就是它们的"鼻子"，能分辨各种不同的气味。当一只蚂蚁碰到一块食物，就会拖运回窝里，如果这块食物过重，

它会回巢报信，回巢后用触角碰碰巢里蚂蚁的触角，告诉它外边有食物。这时一群蚂蚁会跟随报信的蚂蚁出洞，像一队士兵一样，排成纵队，一直走到食物周围。原来报信的蚂蚁在

回窝的路上从肛门里排出一种外激素，边走边排放，这种外激素起了"路标"的作用，因此从窝里出来的蚂蚁闻到外激素的气味就顺着"路标"找到食物，大家一起搬运食物返回窝里去。蚂蚁的这种外激素能起到路标的作用，用以传递信息，科学家就把它叫做"示踪信息素"。蚂蚁靠嗅觉来说话，有时也会发生误会。一只蚂蚁死在窝内，发出难闻的臭味，这种尸臭会使蚂蚁再闻不到其他嗅觉信息，同伴们一闻到尸臭就要把尸体抬出窝外埋葬掉。如果一只活蚂蚁身上沾染了浓厚的尸臭，同伴们也会把它拖出去活埋，因为蚂蚁只能辨别香臭而不辨死活。

为什么蝴蝶早晨飞不动

夏日清晨，当你来到昔日彩蝶飞舞的泉边或花丛时，竟然看不到一只蝴蝶在翩翩起舞。它们都到哪里去了呢？若是你等到风和日暖的午间，它们又会像昔日一样，在花丛间、泉水边舞动着美丽的翅膀。若是你有幸清晨在花枝上看到一只漂亮的凤蝶，你可以很轻易地就能捉到它；若是你想让它起舞，你大概会看到一个十足蹩脚的"演员"。它的翅好像有千斤之重，无论怎么努力，就是飞不起来。为什么蝴蝶飞不起来呢？

这还要从温度说起。世界上一切生命活动都与温度密切相关。生物的体温来源于两个方面。一方面为体内营养物质氧化产生的热能，另一方面是来自外界环境的温度，即辐射热。这些辐射热对于生命活动来说，有着极为重要的作用，并且成为某些动物体温的重要来源。

从动物的情况来看，世上的动物有变温动物和恒温动物两大类。变温动物

的体温不恒定，再加上体表又没有良好的保温结构，体内产生的热很容易散失。它们的体温，基本上取决于环境给予的热。蝶类等昆虫就是属于变温动物。

既然蝴蝶是变温动物，它们的体温也就随着周围环境的温度变化而改变。因此，它们的活动也就直接受外界温度的支配。温度适宜时，它们就翩翩起舞了。一般来说，昆虫活动的最适宜温度在 25～35℃。清晨气温较低，蝴蝶活动所需的体温不够，因而活动迟缓。即便你去捕捉虽已威胁到它的生命安全，它想逃跑也是"力不从温"，体温不适，只好坐以待毙了。

六条腿青蛙哪里找

对于四条腿的青蛙，我们都不陌生，然而，2001 年 2 月 4 日在我国武汉市竟发现了一只六条腿的青蛙。这只青蛙有成人手掌大小，身体为绿褐色，背部有深浅不一的圆形或椭圆形的斑纹，两眼后端至背中有一条纵腹沟。

经专家鉴定为美国青蛙，也叫猪蛙，是引进食用蛙种在当地饲养而成的食用蛙。1995 年美国明尼苏达州有几名学生郊游时发现了畸形蛙，公之于世。后来不同的人在不同的时候又在当地发现了多只畸形蛙。科学家对此已进行了好几年研究，认为杀虫剂（环境激素）污染了水源，导致畸形青蛙的出现。

树懒为什么老是赖在树上

在拉丁美洲的热带森林中，栖息着一种世界上最懒的动物，一种奇特的猴——树懒。它们主要分布在巴西、圭亚那、厄瓜多尔、秘鲁、巴拿马、尼加拉瓜和西印度群岛。它是一种无害树栖的贫齿目动物。头又圆又小，耳朵也很小，而且隐没在毛中；尾巴

很短，只有 3 ~ 4 厘米；上颌有 5 齿，下颌有 4 齿，细小而没有釉质。

动物学家依据树懒趾数多少，将它们分成三趾树懒和二趾树懒两种。前者身长 53 厘米，两臂平伸，宽可达 82 厘米，四肢皆为三趾。它们行动缓慢，每迈出一步需要 12 秒钟，平均每分钟只走 1.8 ~ 2.5 米，每小时只能走 100 米，比以行动缓慢出名的乌龟还慢，是世界上走得最慢的动物。二趾树懒体魄稍大，前生二趾，后生三趾。

树懒有两大特点，一是它的倒挂术，二是它的伪装术。倒挂在树上是它的习性，它可以四肢朝上，脊背朝下，一动不动地挂在树上几小时，饿了摘些树叶吃，食物不足时，它也懒得去寻找，它有忍饥挨饿的本事，饿上十天半个月仍然安然无恙。

树懒能长时间地挂在树上，是因为它有一副发达的钩状爪，能够牢固地抓住树枝，并能吊起数十千克重的身体。它能倒悬着进行攀爬和移动，从不会跌

落下来；另外，热带树叶生长快，吃掉后的树叶很快会重新长出来，无需它移动地方，就有足够的食物吃；树叶汁多，环境又阴湿，用不着下地找水喝，这一切都适合它的懒习气。因此，它睡眠、休息、行动，几乎都是脊背倒挂地生活。

由于它长期栖息在树上，偶尔到了平地，走起路来摇摇晃晃，难以立足，这是失去步行的平衡能力的结果。

树懒有高明的伪装本领，因而又有"拟猴"的别名。它很会模拟绿色植物。它本来的毛色是灰褐色，长期悬挂在树上后，身上长满绿色的藻类、地衣等，给它增添了一层保护色，挂在树上十分隐蔽，使它的敌害非常不易发现它。这些绿色的藻类，靠树懒身上排出的蒸汽、呼出的碳酸气，而滋生在它长毛的体表上。

这些藻类的繁殖，除了给树懒以伪装，又给吃藻类生活的昆虫幼虫提供了生存的环境。它们靠树懒为生，树懒靠它们伪装保护自己。这种猴、藻奇怪的结合，从树懒幼小时开始，一直持续到树懒死亡为止。

不可思议的植物奇事

自然界中，千奇百怪的植物数不胜数，并且这些植物的特点也各不相同，有的植物身上具备的特点让人不可思议，难以置信！

灯笼树

这是一种杜鹃花科的落叶灌木，生长在我国中部一带。它只有2~6米高。每当夏日，在它的枝端两侧挂着十几朵肉红色的钟形花朵，所以又称作吊钟花。灯笼树的果实在十月里成熟，椭圆形，棕色。有趣的是，它的果梗向下垂着，而前端弯曲向上，因此结的果实却是直立的。远远望去，仿佛树枝上举满

了一个个的小灯笼，因此而得名。灯笼树不仅花果美丽，而且叶子入秋后变为浓红，不似枫叶，胜似枫叶，因此是极有前途的园林观赏树木。

瓶子树

瓶子树又称酒瓶树、佛肚树、纺锤树。属梧桐科，瓶树属植物的通称。原产澳大利亚，为当地热带雨林的优势植物。

瓶子树，高 18～20 米。其树干形状独特，呈瓶子状，叶子长约 10 厘米。花浅黄色，钟形，总状花序生长在枝端，蒴果，种子多数。

原产南美的纺锤树别名也叫瓶子树，属木棉科。

纺锤树生长在南美洲的巴西高原上，远远望去很像一个个巨型的纺锤插在地里。纺锤树有 30 米高，两头尖细，中间膨大。最粗的地方直径可达 5 米，里面储水约有 2 吨。

雨季时，它吸收大量水分，储存起来，到干季时来供应自己的消耗。

纺锤树和旅人蕉一样，可以为荒漠上的旅行者提供水源。人们只要在树上挖个小孔，清新解渴的"饮料"便可源源不断地流出来，解决人们在茫茫沙海中缺水之急。

羽毛球树

在我国中部及西南部的一些山区里，生长着一种低矮的小树木，每当十月果熟时节，远远望去，每株树上都结满了一颗颗酷似羽毛球的果实，人们称它为羽毛球树。羽毛球树属于檀香科，虽只有 1～3 米高，但枝繁叶茂。其果实直径只有 1 厘米左右，但每个果实顶端都长着 4 根 3～4 厘米长的苞片，酷似羽毛球。据说，其果实可食。羽毛球树还是一种半寄生的植物，它的一部分根寄生

在松、杉一类植物的根上。它自己生活需要的一部分养料就是靠吸收这些植物的养料而获得的。

铜钱树

铜钱树生长在我国淮河及长江流域一带，是一种落叶乔木，高十六七米，叶子长卵圆形，其果实生得十分别致，有两个弯月形的膜翅相互连接，中央包围着种子，远远望去，树上仿佛吊着一串串的铜钱，风一吹，哗哗作响，因此而得名。铜钱树属于鼠李科，和我们吃的红枣是同宗兄弟。在我国陕西秦岭山区还生长着一种树木，外形酷似铜钱树，果熟之时，也如串串铜钱，只是叶子由许多披针形的小叶构成一片大的羽毛状复叶。它属于槭树科，人们叫它金钱槭。金钱槭数量不多，又有很高的观赏价值，因而被列为国家保护植物。

长翅膀的树

此树是生长在我国秦岭山区的落叶灌木。其枝条呈绿褐色，硬而直。有趣的是，在它的小枝上从上到下生长着2~4条褐色的薄膜，其质地轻软，如同我们平常所使用的软木塞一般，是木栓质的。它在枝上的排列犹如箭尾的羽毛，又仿佛枝条四周长上了翅膀。因此，人们称它为栓翅卫矛。栓翅卫矛属于卫矛科，其木材致密，白色而质韧，可制弓、杖、木钉用，其枝上的栓翅有助于血液流通，具有消肿之功效。

鞋　树

在非洲利比里亚东北部的梭那村里，有一种能长出"鞋"来的树。这种树高 40 米左右，叶子像一块长方形的硬底板，长 30 多厘米，四周生有青色的叶衣，很像鞋帮；叶子除边缘比较柔软以外，中间厚而坚硬，很像自然生成的长方形的鞋底。摘下一片树叶，在叶子底板旁的叶衣交接处缝几针，便成了一只"鞋"。当地人每逢雨天或走远路时，都喜欢穿这种"树鞋"。一双这样的"鞋"可以穿一个星期左右。

夫妻树

"夫妻树"在古代称为"连理枝",这是树林中与人类夫妻般相依而生的一种现象。

浙江西部天目山国家森林公园里,有一对"银杏伉俪"。两棵老树的基部和树干紧紧贴在一起,树枝、树冠交错,"枝枝相覆盖,叶叶相交通"。它们久经沧桑而相依为命,因而人们赞美不已:情意绵绵,形影不离;你搀扶我,我翼护你;同承雨露,共斗霜雪;天长地久,两情如一。

台湾有对"夫妻榕",它们生长在高雄县桥头乡仕隆小学内,两棵老榕树相距4米。百年春秋,同浴日光月辉,共度风霜岁月。多少年来,它们默默无言地幸福生活着,世人也常投来赞美的目光。在它们的垂暮之际,"夫妻情深"的这对老榕树更使人震惊。据报道,近年来,由于其中一棵日渐枯萎,人们不得不采用各种措施进行抢救,但终于回天无力。一棵老树枯死后,另一棵活着的老树则发出"嘎吱"声,随后一声轰然巨响,20多吨重的树体连根倒向枯死的老榕树。真是:"百年老榕夫妻树,情深但愿同日死。"

光棍树

在冬天，常常见到树叶落个精光，这是自然界的巧妙设计。因为冬天寒冷，阳光少，树叶的作用就是进行光合作用的，到了这个季节，它的作用就降低了。正好这段时间是严寒、干枯的日子，树木本身在地下吸收的水分已经不足，如果有树叶来消耗水分及其他养分，

便很难维持生命力，因此落叶是减轻负担的一种措施。到来年阳光水分充足时，又长出新叶来……但大自然的确是无奇不有的，有一种树，根本就不属于上述自然规律，不论任何季节，都呈现光秃秃的形象。不要以为这是枯树，实际上它是生机蓬勃的。这种树名叫"光棍树"，产于非洲的沙漠地区。原来非洲的荒漠地带气候炎热干燥，长期无雨。光棍树便适应了这种自然环境，没有叶子，以便减少蒸腾，节省水分，而用绿色的茎与条代替叶的功能，叶就在这种情况下退化了。这种树也有自我保护作用，使一些吃叶的动物见到光秃秃的枝桠而不去光顾，减少了被动物吃掉的机会。其实，这种光棍树的嫩枝代替了叶子，进行正常的光合作用，通过吸取阳光的营养来强壮自己。

乌龟草

南美洲荒漠中生长着一种像乌龟壳的草，它的茎很矮，外表有不规则的花纹，当地人称为"乌龟草"。有趣的是，这种草的壳很难透水，每当下过雨后，它就会从壳上很快伸出一根绿色细长的鞭状茎来吸收水分。天气干旱时，这些长出来的枝叶很快就会死去，仍然只剩下一个乌龟壳；等到再次下雨后，才重新长出鞭状茎来吸取水分。

有特异功能的植物

由于工矿企业生产和交通工具造成的各种噪声，给人体健康带来了不利的影响，严重的甚至使人失去听力，所以噪声也是一种环境污染，而且已成为一种严重的社会公害。积极绿化造林，能有效地减轻这种社会公害。因为植物具有降低噪声的作用。

据南京有关单位试验，城市马路上的汽车噪声穿过 12 米宽的悬铃木树冠，到达树冠后面的三层楼窗户时，与同距离空地相比，其噪声可降低 3～5 分贝。马路上 20 米宽的多层行道树（如雪松、杨树、珊瑚树、桂花各一行）可降低噪声 5～7 分贝；18 米宽的圆柏、雪松林带，可降低噪音 9 分贝。另外，乔木、灌木、草地结合的绿化街道比不绿化的街道可降低噪声 8～10 分贝。一般认为，分枝低、树冠低的乔木比分枝高、树冠高的乔木降低噪声的作用大；树冠密，叶面大的吸音效果强。城市住宅区，用一排茂密的灌木，其后再种一排高大乔木来隔离马路上的汽车噪声，占地不多且隔音效果好。森林消除噪声的能力就更强了。科学实验证明，40 米宽的林带可使噪声减少 15～20 分贝。

植物为什么能起到天然消音器的作用呢？

传统的观念认为，植物的消声作用是声波在树林中传播时，经树叶、树枝的反射和折射，消耗掉一部分能量，从而降低了噪声。

但是科学工作者们发现，树上的叶子不能吸收声音，因为机器振动和交通车辆发生的声音其波长恰恰与叶子所能透过的声音的波长相同。而真正能起到消声作用的却是树林下或森林底部腐烂了的叶层。同时，粗大的树干和茂密的树枝，消散了声音，然后使部分声音沿着树枝和树干传导到地下被吸收掉。因此，不要把树上落下的叶子扫光，使之日积月累在树底下形成稠密的叶层，这样，既能消除噪声，又能促进树木生长。

青冈栎

青冈栎又叫青冈树，是一种常绿乔木，在我国的分布很广。熟悉它的人都知道，它的树叶会随天气的变化而变色，是名副其实的"气象树"。晴天，树叶呈深绿色；久旱将要下雨前，树叶变成红色；雨过天晴，树叶又恢复原来的颜色。根据树叶颜色的变化，人们便可以预测天气是晴天还是阴雨天。这是为什么呢？

我们知道，一般树叶中含有叶绿素、叶黄素、花青素等。在一般情况下，叶绿素的合成占了优势，其他色素都被叶绿素掩盖了，所以叶片呈绿色。而青冈栎对气候条件非常敏感，当久旱将要下雨前，光强、干旱、闷热，叶绿素的合成受到抑制，花青素的合成占了优势，因而叶色变红；当雨后转晴，叶绿素的合成又占了优势，所以树叶又变回了绿色，于是树叶颜色的变化就成了预报天气的晴雨表。

在新西兰有一种花也能预报天气。当它的花瓣呈现萎缩包卷状时，便会出现阴雨天气。当地居民看花出门，如花开得很精神，就预示着不会下雨，而当花瓣呈现伸展大开形状时，便会出现晴空万里。这种花的花瓣是随着空气中湿度的变化而变化的，湿度越大，花瓣越卷缩；湿度越小，花瓣越伸展。人们从花瓣的卷缩和伸展中便可预知天气是晴天还是雨天。

植物不仅能预报天气，还有别的特殊本领。日本科学家通过实验和研究发现，有些植物还能预报地震。东京大学有位教授，通过采用高灵敏的记录仪，发现合欢树能预报地震。他指出，在没有地震的正常情况下，合欢树发出的电信号具有固定的形状；在大地震来临之前的50～10小时，合欢树发出的电信号为"锯齿状"；在中小地震开始前50小时左右，发出的电信号变成"波状"或"胡须状"；当海底火山喷发时，发出的电信号为"尖刺状"；在发生像日本海中部地震和宫城县近海地震这样一类特大地震时，合欢树发出的电信号夹杂有"锯齿状""波状"和"胡须状"。

植物能驱赶老鼠

老鼠是人们生活中的一大公害，"老鼠过街，人人喊打"，在同鼠害做斗争的过程中，植物也发挥出它不同寻常的威力，被称为"植物猫"。

我国地大物博，疆域广阔，驱鼠和治鼠的植物

种类很多，驱鼠植物有稠李、"鼠见愁"、接骨木等；治鼠植物有闹羊花、玲珑草、天南星、黄花蒿等。

植物驱鼠治鼠各有高招。有一种叫"鼠见愁"的植物，经太阳照晒以后，能散发出一种很难闻的气味，老鼠对这种气味十分厌烦，闻到这种气味转身就逃，只要在农田周围和房前房后种上它，老鼠就会远远地避开。还有一种叫"芫荽"（俗称香菜）的植物，它有一股极其强烈的气味足以使老鼠生畏。北方生长的接骨木的挥发性气体对老鼠则有剧毒。而"老鼠筋"更有一番特殊的驱鼠本领，它的茎叶上有锐利的硬刺，如在鼠洞多的地方布放一些"老鼠筋"的枝条，老鼠便会逃之夭夭。

另外，一些植物能毒杀老鼠。如玲珑草，把它带根捣碎，与食物拌匀，投放在老鼠经常出没的地方，老鼠吃后即会中毒身亡。又如将黄皮树的根、枝、叶切碎，加入泥后拌和均匀，做成拳头大小的泥块，塞入老鼠洞穴，老鼠咬食后也会中毒丧命。又如闹羊花加工制成毒饵或配制成烟熏剂用来毒杀老鼠也有奇效。

采用植物驱鼠效果好，对人畜又安全，而在植物王国里，能够驱鼠灭鼠的植物又很多，只要我们充分利用和发掘，"植物猫"一定会发挥出更大的威力。

洗衣树

在农村的一些庭院里，我们常常可以看到一种10来米高，树枝上有刺的树木，它就是皂荚树。秋天，皂荚树上结着像镰刀一样的皂荚果，长12~28厘米，宽约3厘米。很早很早以前，人们就用它来洗衣服了，洗出来的衣服还特别清爽，皂荚为什么能洗衣服呢？经过分析，原来在皂荚的荚皮中含有皂角蒩，因为它的作用像肥皂，又叫做皂素。正是这种皂素，能像肥皂一样产生泡沫，把衣服上的脏东西清理干净。

而位于地中海南岸的阿尔及利亚，生长着一种普当树，意思是"能除污秽的树"。用它洗涤出来的衣服非常洁净，因此被称作"洗衣树"。当地居民只要把脏衣服捆在树身上，几小时后，把衣服取下来放在清水里漂一下，就很干净了。

"洗衣树"为什么有这样的本事呢？原来，在普当树的树皮上有很多小孔，能分泌出一些黄色的液体，这是一种含碱的液体，所以有去污的作用。普当树生长的地方碱性较重，树干内如果吸收了多余的碱，就会通过小孔排出来，以达到生理上的平衡，这样也才有利于树木的生长发育。人们利用它来洗衣服，可以说是变废为宝了。

神奇的金鸡纳树

疟疾，又称为"打摆子"，是由蚊子传播的一种急性传染病，人们一旦感染了这种疾病，就会突然发冷、打寒战，之后又发高烧、说胡话、神志不清，若不及时治疗，就会有生命危险。

以前，我国南方特别是气候潮湿的地区有很多人得这种病，那时候人们对这种病毫无办法，往往坐以待毙。

说来也巧，在南美洲的印第安人中，也流行这种病。不过，早在400年前，他们就知道有一个秘方可以治这种病，但这个秘方是绝不向外人透露的。据说

1638年，西班牙的一位伯爵带着妻子来到了南美洲的秘鲁。不久，伯爵夫人染上了疟疾，医生们束手无策。伯爵暗中打听到当地一种叫金鸡纳树的树皮可以防治这种病，于是他剥了这种树的树皮，拿回去煮汤给妻子服用。

几次以后，夫人的病就好了，这个消息很快一传十、十传百地传到了欧洲。欧洲人闻此十分震惊，于是千方百计地想把金鸡纳树弄到手。几经周折以后，他们终于如愿以偿，荷兰殖民主义者因此大发了一笔横财。

金鸡纳树是一种常绿小灌木，高3米以上，远望金鸡纳林，红一层绿一层，互相交叠，红的是嫩叶，绿的是老叶，夏季开白色小花，种子很小。金鸡纳树的树皮为什么能防治疟疾呢？研究发现，金鸡纳树的树皮里主要含有一种叫奎宁的生物碱。奎宁在人体内能消灭多种疟原虫的裂殖体，因而是防治疟疾的特效药。除此以外，还具有镇痛、解热和局部麻醉的功效。金鸡纳是热带树种，目前在我国台湾、广东、海南及云南等地已有了栽培。

皮肤树

在墨西哥的奇亚巴斯州生长着一种叫"特别斯"的神奇的树。它对治愈皮肤烧伤有特殊的疗效，因此，人们又称它为"皮肤树"。"皮肤树"高达8米，只生长在奇亚巴斯一带。据说，早在玛雅文化时期，玛雅人就已知道了"皮肤树"的特殊性能。他们把生长了八九年的"皮肤树"的树皮剥下来晒干，用来烧制玉米饼，再把燃烧后的树皮研碎，筛出细末，将咖啡色粉末敷在烧伤部位，创面很快就能长出新的皮肤。经卫生专家实验确定，它具有极强的镇痛性能，含有两种抗生素和强大的促使皮肤再生的刺激素。墨西哥红十字会医院曾用"皮肤树"治愈了 2700 名大面积烧伤的患者。真正在现代医院里大规模使用"皮肤树"医治烧伤还是近几年的事。目前，在欧洲、日本和美国都已经开始使用"皮肤树"医治烧伤了。

还魂草

在人迹罕见的荒山野岭里，干旱的岩石缝隙中，生长着一种贵重的药材，叫"九死还魂草"。这种植物很奇特，干旱时，它的枝叶卷缩起来，植物体变得焦干，进入了"假死"状态；当得到雨水或温度适宜时，它就大量吸水，枝叶舒展开来，又  "苏醒"过来。由于干旱石崖难以保持水分，它要经过多次的"枯死"和"还魂"才能长大和繁衍，所以被称为"九死还魂草"。

九死还魂草的学名叫卷柏，关于卷柏能"还魂"的事，我国人民早有所了解，这从它的别名中可以看出来。除了一般被称作"九死还魂草"之外，它还

被称作"回阳草""长生不死草""还魂草""见水还阳草"等。

卷柏确实有顽强的抗旱能力。日本有位生物学家曾发现，用卷柏做成的植物标本，在时隔 11 年之后，把它浸在水里，它居然"还魂"复活，恢复生机了。

美洲的卷柏更加奇特，它们能在干旱时缩成圆球，随风滚动，遇到有水的地方，就伸展开始生长，缺水时又开始旅行，所以又被称作"旅行植物"。卷柏的分布很广，多生于裸露的山顶岩石上，我国各地都可以找到。它具有收敛止血的作用，中医常用它来治疗吐血、出血症等，疗效很好。

指南草

如果你到广阔的内蒙古大草原旅游，那里美丽的草原景色迷住了你，你不幸迷了路，正在那儿放牧的蒙古族牧民一定会告诉你："只要看看指南草所指的方向就知道了。"

"指南草"是人们对内蒙古草原上生长的一种叫野莴苣的植物的称呼。一般来说，它的叶子基本上垂直排列在茎的两侧，而且叶子与地面垂直，呈南北向排列。

为什么指南草会指南呢？

原来，在内蒙古辽阔的草原上，没有高大的树木，人烟稀少，一到夏天，骄阳火辣辣地烤着草原上的草。特别是中午时分，草原上更为干燥，水分蒸发得更快。在这种特定的生态环境中，野莴苣练就了一种适应环境的本领：它的叶子长成与地面垂直的方式，而且排列呈南北向。这种叶片布置的方式，有两

个好处：一是中午时，即阳光最为强烈时，可最大限度地减少阳光直射的面积，减少水分的蒸发；二是有利于吸收早、晚的太阳斜射光，增强光合作用。科学家的考察发现，越是干燥的地方，其生长着的指南草指示的方向越准确。其道理是显而易见的。

在草原或沙漠上旅游，如果了解了指南草的习性，就不会迷路了。

在墨西哥的崇山峻岭中，同样也生长着这种"指南草"，当地土著居民在狩猎时均靠指南草辨别方向。

灯 草

在冈比亚西部的南斯朋考草原，长着一种红色的能发光的野草——"灯草"。这种草的叶瓣外部长着一种银霜似的晶素，仿佛上面涂了一层银粉。每到夜间，"灯草"叶瓣上的晶素就闪闪发光，好像在草丛里装上了无数只放光的"灯"。在"灯草"集生的地方，会亮得如同白昼，使周围的一切都看得很清晰。因为"灯草"能发光，当地居民就把它移植到自己的屋门口或院门口，作为晚上照明的"路灯"用。"灯草"的根茎还含有40%以上的淀粉，磨成粉末，可以代替粮食。

另外，哥伦比亚西南森林里有一块被称作"拉戈莫尔坎"的草地。"拉戈莫尔坎"在哥伦比亚的尼赛人的土语中就是"光明的草"或"放光的草地"。原来，这块草地上生长出的草，细短而匀称，叶瓣碧绿略带黄色，草柔软如绸，而且长得浓密。远远向草地望去，仿佛地上铺上了一块平整翠绿的地毯。一到晚上，这块草地就一片光明，宛如被月光照亮的大地一样，然而可能此时天空里却并不见一轮月影。那么，这些光是从哪里来的呢？"放光的草地"在还没有被科学地解释之前，人们都认为这是"神光"，是神所赐放出来的，这就给草地蒙上了一层神秘的色彩。但是如果你仔细观察就会发现，光是从草瓣上闪耀出来的。由于这种草能够制造一种叫"绿荧素"的荧光素，所以它的草瓣能发出光来。即使将这种草割下来晒干，在黑暗中它也能闪光很长一段时间才渐渐"熄灭"。这就是放光草地的秘密。

接骨草趣闻

话说我国西南边陲的哈尼族，有个著名的接骨医生，名字叫路巴。这一天，他给乡亲瞧病归来，忽然一股倦意袭来，便躺在路旁的大树下小憩。这时，一条大蜈蚣从路那边大摇大摆地爬过来，让人发怵。路巴想，好厉害的东西！我倒不怕你，可乡亲们从这路过，岂不要无辜受害！他立即用腰刀将其斩为两截。令路巴感到意外的是，这蜈蚣节节都有神经，断肢仍在蠕动。这时，那边又爬来一条蜈蚣，是雄性的。看到同伙的如此境遇，它十分着急。稍停片刻，它像是想起了什么，便急匆匆地爬向草丛中。不一会儿，嘴噙一片嫩绿的叶子回来了。这是干什么？莫非它也是虫类的医生？路巴好奇地蹲在一旁，想要看个究竟。果不出所料，这雄蜈蚣还真是医生，只见它将被斩断的蜈蚣的两截连在一起，然后把嫩绿的叶子轻轻裹在连接处，自己就静候在旁边。过了一会儿后，那雌蜈蚣的两段身肢竟完好如初。

路巴被惊呆了。半晌，才想起拣那片嫩叶。待将嫩叶细辨，方知其乃山中常见的藤本植物。于是，也依样采一些，在家中的鸡腿驴腿上进行试验。有所不同的是，路巴将嫩叶捣成泥状，进行包扎。几天后，鸡腿驴腿恢复如常，效果真是理想。"太好了！太好了！你就是接骨草，你就是宝啊！"路巴乐得直蹦。从此，接骨草便问世中华百草园。

南美人参

在南美洲安第斯山脉生长着一种奇特的植物——玛卡，它的根茎像小圆萝卜，叶子椭圆。虽然它的样子与人参迥然不同，但由于果实营养丰富，因而有了"南美人参"的美誉。

玛卡既可入药，又能食用，长久以来一直是生活在安第斯山区印加人的主要食物之一。

传说在古印加帝国时期，战士们在大战之前都要饱餐一顿玛卡，这样可使他们精力充沛、力量倍增，在战场上勇猛杀敌，百战百胜。

近年来，医学界对玛卡的药性进行了一系列研究，发现其具有增强人体免

疫力、快速恢复体力、消除疲劳等神奇功效，而且无任何毒副作用，是一种纯天然保健食品。

秘鲁是玛卡的原产国，在海拔 4000 多米的安第斯高原上，当地农民采用传统的"块种"和"撒种"方式耕种玛卡。所谓"块种"，就是将玛卡原种切成若干小块然后埋入翻耕好的地里。而"撒种"则是将种子撒在田间，然后将驼羊放到地里去踩。玛卡一般在每年 12 月份播种，第二年 7 月、8 月间收获。人们将收获的玛卡放在阳光下晒干，让其充分吸收阳光，以增强药性。由于玛卡在生长过程中需要吸收土壤中大量的有机养分，因而每耕种过一季的土地，必须休耕 6 ~ 7 年，否则难以生长出好的玛卡来。

瘦身草

在印度有一种不可思议的野生草，体胖的人服用后会逐渐消瘦下来，故名"瘦身草"。印度传统医学用该草治疗肥胖症已有 2000 年的历史。日本东邦大学医学部名誉教授幡井勉先生对该草的药效做了研究，认为"瘦身草"能使人体摄入的一半糖分不被吸收，从而降低新陈代谢的速度，达到减肥的目的。如今，"瘦身草"已成为风靡日本的一种健美药品。许多人服用后，体重明显下降，有人服用该药，两个月体重减轻 7.6 千克，减肥效果十分显著。

催眠花

非洲坦噶尼喀有一种木菊花，喜欢生长在荒山野岭之中。这种花色彩夺目，香气浓郁，不但博得人们的喜爱，就是野生动物也常常立足欣赏。然而这种花具有强烈的催眠作用，人们只要用舌头舔下花瓣，马上就会入

睡。野生动物吃后，立刻卧地而眠。即使是 2 吨多重的犀牛，只要吃了它，也会昏倒在地，呼呼大睡。

无独有偶，西班牙也生长着一种催眠花，当地人叫它勃罗特花。

勃罗特催眠花能散发出一种芳香气味，人们闻到这种气味后，便会昏昏入睡，一觉可达三个小时左右。勃罗特花的奇特本领，已被人们用来治疗疾病。西班牙当地有一家医院用盆栽种了许多催眠花，用来治疗由神经衰弱引起的失眠症，效果非常好。

能测温的草

在瑞典南部有一种名叫三色鬼的草，人们管它叫天然的"寒暑表"。因为这种草对大气温度的变化反应极为灵敏。在20℃以上时，它的枝叶都斜向上方伸出；温度若降至15℃时，枝叶向下运动，直到和地面平行为止；当温度降至10℃时，枝叶向下弯曲；如果温度回升，则枝叶就恢复原状。

不怕火的植物

过去，人们对野火全无好感，认为它只会毁灭生物，就极力去扑灭它。但近年来许多事实证明，火和温度、阳光、水分一样，不仅是大自然的一个组成部分，而且也是一个重要的生态因子。自然界天然发生的火，对许多植物、动物的生存和演化起着重要作用。

美国生态学家曾研究过野火对美国黄石国家公园的生态作用。在过去的300~400年中，黄石公园北部每隔20~25年就发生一次大火。但近90年来，人们主动制止了自然火灾的发生，却使黄石公园的动植物发生了变化：山杨树的数量减少，并且老年化，以幼嫩山杨为食的大角鹿也随之减少。人为地减少大角鹿也未能使山杨树增加。可是在自然火灾发生的地段，幼小的山杨树反而生长起来了。美国政府根据这一发现，建立了200万亩（约1333平方千米）的天然火灾自生自灭地段，从而稳定了山杨树和大角鹿的种群数量。

北美洲有一种最珍贵的树种，叫沼泽松，它也是最善于适应火灾的一个树种。这种高大的树有着罕见的浅色树冠，身躯伟岸挺拔，不仅生长在低洼的地方，而且也生长在干爽的山麓。它木质坚硬，红润有光，色泽非

常悦目。正是这种树，似乎专等发生火灾才成长壮大呢！当它的幼苗长到几十厘米高的时候，在5～7年内就完全停止再往上长，这时，它全力发展和巩固根部。幼苗的针叶含有很多水分，而且长得很长。这些针叶紧紧聚拢在一起把未来的新枝保护在它们中间。在此阶段，即使是烈火把潮湿的针叶全部烧净，火灾也丝毫损害不了它。然而当它周围的其他树木、灌木和草一下被大火吞噬而光时，它的幼苗就得以见到阳光了。大火之后，沼泽松迅猛生长，并长出一层很厚的树皮以便更好地保护自己，避免新的火灾危害。正因为这样，现在栽植沼泽松的时候，往往故意烧一烧松树地段，为它们的生长创造最好的条件。

号称"世界爷"的红杉，也是不怕火的。这种被称为活化石的古生植物非常珍贵，现在已经很少见到了。生长在北美一些国家公园里的红杉数目是屈指可数的，人们把它们作为稀世珍宝来加以保护，自然不让火灾在红杉林中发生。可是事与愿违，这种罕见的树木却不愿意繁衍子孙，而且行将绝种了。原来，

在它的树冠之下，生长着许多冷杉幼树，冷杉生长过程中争夺了红杉的养分。要使现有的"世界爷"森林得以更新，就必须定期进行火烧。红杉树不怕火烧，因为它的木质犹如钢铁一般，是燃烧不起来的，而且它的纤维质树皮又厚又结实，严严地保护着它那坚实的树干。当然，大火可以把红杉的叶子和树冠烧着，可是老的叶子烧掉之后，新的叶子很快就生长出来了。

大火之后，红杉树不但因为获得了广阔的生活空间而开始迅猛向上和向周围生长，同时也给红杉树的种子清扫了地盘，因为红杉树的种子只有在没有草木、被火烧透而且深深覆盖着草木灰的土壤上才能发芽。红杉幼苗需要大量的光和热，只有在充足阳光和无"人"与它们争抢的空间中，才可能迅速生长。

如此说来，森林火灾到底是有利还是有害呢？科学家经过详细的全面计算之后，断然肯定，害远远大于利。虽然火灾可以对某些树种的自然恢复和森林以后的发展起促进作用，然而，这种个别有利后果却远不能补偿火灾给人类的经济活动造成的巨大损失。森林火灾是国民经济的一大灾害，应该千方百计把森林火灾减少到最低限度。

"重口味"的植物

在盐碱地上种庄稼，常常颗粒无收。盐碱土地区的人们有一段顺口溜："碱地白花花，一年种几茬，小苗没多少，秋后不收啥。"盐碱地的盐碱含量很高，一般植物无法生长，因为它们无法从盐碱地中吸收水分。可是有些野生植物在盐碱地上却生长得很好，如柽柳、胡杨、短尾灯心草、艾蒿和盐角草等，因为它们都属于耐盐植物。

耐盐植物为什么不怕盐碱呢？原来它们都有抵抗盐碱的特殊本领。

桎柳是盐碱地上时常见到的一种耐盐植物。它是一种乔木，树皮红褐色，叶子成鳞形生在纤细的小枝上，微风吹来，一丛丛桎柳飞红挂绿，别有一番景色。当我们走近桎柳时，你会发现它的茎和叶上，冒出了一粒粒白色的结晶。如果你尝一尝，马上会感到又咸又苦，这是怎么回事呢？原来桎柳的根在从盐碱地中吸水时，能够吸收大量的盐碱，但并不在体内积累，这些盐碱由水带着，排到茎和叶的表面，水很快蒸发了，而盐碱却留在茎叶表面，形成了一粒粒白色的结晶。

胡杨也是一种耐盐植物，常和桎柳混生在一起。它也能从土壤中吸收盐碱，然后又从树皮裂口处排出体外，形成黏稠的液体，人们将这黏稠的液体叫做"胡杨泪"。"胡杨泪"里含有小苏打、食盐等盐分。当地人还常常用它来发面蒸馒头呢！

盐碱地上，生有一种盐角草，它全株绿色，叶子极小，枝叶肉质多汁。盐角草也从盐碱地里吸收大量的盐碱，但并不像桎柳、胡杨那样排出体外，而是永远储存在身体里。在盐角草茎中的细胞内有叫盐泡的结构，盐碱都存到盐泡里了。盐角草靠着一个个小盐泡，就能从盐碱地里吸收水分，不但如此，由于盐碱都被圈在盐泡中，再也无法侵害盐角草了。盐角草因为有这种本领，所以能在含盐量高达 0.5% ~6.5% 的盐碱地上生长。像盐角草这样的耐盐植物，称为聚盐植物。

艾蒿是一种很有名的中药，针灸用的艾卷，就是用艾蒿叶制成的，它也是一种耐盐植物。为什么艾蒿能生长在盐碱地上呢？原来它的根有一种本领，能

抵抗住土壤中的盐碱，使它们无法进入根中。同时，艾蒿的根细胞中含有很多溶于水的糖和酸，能使根容易从盐碱中吸收水分。艾蒿既能从盐碱地里吸收水分，又不让盐碱进入身体中，这样它就能很自在地生活在盐碱地上。像艾蒿这样拒盐碱于植株体外的植物，称为抗盐植物。

还有一类耐盐植物，像短尾灯心草，既不泌盐，也不聚盐和抗盐，而是用脱落老叶的方法，来排出盐分。这是一种多年生的草本植物，它生有一条细长直立的茎，茎的基部生出一丛长长的叶，很是别致。短尾灯心草在盐碱地中吸收水分时，也吸进了很多盐，奇特之处是它把盐碱聚在叶内，等到老叶含足了盐分时，就提前干缩脱落，然后幼叶又来接替老叶的位置，从而得以不停地往外排盐。

由此看来，各种耐盐植物抵抗盐碱的方法是多种多样的。耐盐植物抵抗盐碱的本领，绝不是在一两代中形成的，而是它们世世代代生长在盐碱土地上，在同盐碱长期斗争中逐渐形成的。

能产 "大米" 的树

在菲律宾、印度尼西亚等东南亚国家的岛屿上，生长着一种能产 "大米" 的树，名叫西谷椰子树，当地人称它 "米树"。

西谷椰子树的树干挺直，叶子很大，有 3～6 米，终年常绿。树干长得很快，10 年就可以长成 10～20 米高。但是这种树寿命很短，只有 10～20 年。一生中只开一次花，开花后不到 12 个月就枯死了，结的果实只有杏子那么大。它的树皮坚韧，但里面却很柔软，全是淀粉。开花之前，是树干一生中淀粉储存的最高峰。然而奇怪的是，这些积存了一生的几百千克的淀粉，竟会在它开花后的很短时间内消失光，枯死后的米树只剩下一

株空空的树干。所以要在它开花之前将它砍倒，切成几段，然后再从中劈开，刮取树干内的淀粉。接着将它们浸在水里搅拌，水就变得像乳白色的米汤一样，然后将沉淀的淀粉加工成一粒粒洁白晶莹的"大米"，人称"西谷米"。用它做饭，就像普通米饭那样香软。自古以来，米树生产的"大米"一直是当地人的重要粮食。据测定，这种米所含的蛋白质、脂肪、糖类等，一点也不比大米差，目前世界上仍有几百万人还依靠西谷米维持生活。

西谷米不怕虫蛀，可以用来作纺织工业的浆料，在市场上很受欢迎。

面包树

面包树，桑科菠萝蜜属，是一种四季常青的高大乔木，一般高 10 多米，最高可达 40 多米。树干粗壮，枝叶茂盛，叶大而美，一叶三色。雌雄同株，雌花丛集成球形，雄花集成穗状。在它的枝条上、树干上直到根部，都能结果。每个果实是由一个花序形成的聚花果，果肉充实，味道香甜，营养很丰富，含有大量的淀粉和丰富的维生素 A 和 B 族维生素及少量的蛋白质和脂肪。

　　原产于南太平洋一些岛屿国家。在巴西、印度、斯里兰卡等国家和非洲热带地区均有种植。我国的广东和台湾等地都有种植。

　　成熟的面包树果实有橄榄球那么大，可以放在火上烘烤至金黄色便可食用。烤熟了的面包树果，松软可口，酸中带甜，与面包风味相近，所以大家亲切地称这种树为面包树。

　　面包树结果的时间一年内有 9 个月。

　　台湾东部的阿美族及兰屿岛上的达悟族人都会取食面包树的果实，阿美族人在果实快要成熟时，摘下来去皮水煮食用，此外，还会将白色乳汁拿给小孩子像口香糖一样咀嚼。同时，它还有重要的经济价值。

非洲猴面包树

　　在非洲的热带草原上，生长着一种形状奇特的大树。19 世纪一位博物学家是这样描写它的："由于树干膨大，当它落叶后光秃而憔悴地站在那里，仿佛中风病人伸展开臃肿的手指。"另一个更早的探险者则描写道："半兽半人一样的树，像一个头披白发、脑袋斜歪而且挺着大肚皮的老妖怪。皮如犀牛，无数细枝恰似手指紧紧抓住天空。"这种树叫做波巴布树，它的树干很大，有的要 40 个人手拉手才围它一圈，但个头不高，只有 10 多米，是名副其实的"大胖子树"。因为它的果实鲜美，是猴子等动物喜欢吃的食物，又叫做"猴面包树"。

猴面包树的故乡在干旱的非洲。为了减少水分的蒸发，它的枝头经常是光秃秃的，一旦雨季来临，它就利用自己粗大的身躯拼命储水。一株猴面包树据说能储几千千克甚至更多的水，简直成了荒原的储水塔。当它吸饱了水分，便会长出叶子，开出很大的白色花。

猴面包树浑身是宝。它的鲜叶是当地人喜爱的蔬菜。树皮可以制作绳索、袋子、渔网等，还曾用来治疗疟疾，有退热作用。它的树叶和果实的浆液，至今还是民间常用的消炎药物。

猴面包树还是植物界的老寿星之一。18 世纪时，法国一位植物学家在非洲见到一棵猴面包树，据他估计，这棵树已活了 5500 年。有趣的是，猴面包树看上去丰满，但中间往往是空的，这就无法从年轮上来推断它的年岁。

在非洲，猴面包树常常与庆祝丰收以及其他的一些宗教活动有关。在塞内加尔的塞仑斯，诗人、音乐家、魔术师和史学家这一阶层的人，死后就葬在猴面包树的空洞里。有个著名的英国旅行家就曾在一棵猴面包树的树洞里看见里面躺着 20 多个人的尸体。除此以外，猴面包树还常常用作旅行者以及动物们的休憩场所。

不仅在非洲，在毗邻非洲的地中海、大西洋和印度洋诸岛上，乃至澳洲北部都可以看到猴面包树。而且，不管长在哪儿的猴面包树木质都有很多孔，对着它开一枪，子弹完全能穿透而过。除了猴子喜欢吃它的果实外，大象也喜欢吃，并且不但吃它的果实，甚至连它的枝叶和树干都吃。所以，从某种程度上来说，大象成了猴面包树的天敌。

会产奶的树

如果你在无花果树干上砍上一刀，它就会从伤口里流出一滴一滴乳白色的液体，在植物界里，像无花果那样能流出乳汁的植物还真不少。这些乳汁有的可以做橡胶原料，有的可以提炼石油，有的还真可以像牛奶、羊奶等动物的乳汁那样供人类享用呢！

在南美洲的厄瓜多尔等国家，许多居民的房子周围都种有"牛奶"树。它的树身粗壮高大，树叶闪闪发亮。如果割破这种树的树皮，就会流出白色的乳汁，味道和营养价值都和牛奶相似，当地居民就把这种乳汁用清水冲淡煮沸代替牛奶饮用。如果把树皮划一个口子，一小时内可流出一公升左右的乳汁。有趣的是，这种乳汁还不能长时间放置，否则就会变质。用锅煮时，面上还会出现一层蜡质，当地居民用它做成蜡烛供照明用。

在巴西的亚马孙河流域还生长着另一种植物学家称之为"加洛弗拉"的"牛奶"树。人们只要用刀割破这种树的树干，马上就会喷出白色乳汁。每棵树每次能挤出 2～4 升"牛奶"，味道略有些苦辣，但只要冲水煮沸，苦辣味就会消失，成为富有营养的美味"牛奶"。经化验，其化学成分同牛奶相似，富有营养，是一种难得的高级饮料。当地人很爱喝这种"牛奶"，甚至用它来充饥，并称这种树为"牛奶树"或"奶头"。

在巴西的邻国委内瑞拉的森林里，也生长着一种能出"牛奶"的树，它叫"加拉克托隆德"。它产的"牛奶"比"加洛弗拉"产的味道还要好，而且不需加工煮沸就能饮用。

当然含有乳汁的植物还有很多种，但很多植物的乳汁是不能吃的，这点千万要注意。如甘遂的枝条和叶子里的乳汁含有剧毒，只要有一小滴滴在人的舌头上，就会让人感到非常难受，如果吞下去一些，就会有被毒死的危险。

喂奶树

摩洛哥西部有一种奶树，花朵凋零时，在蒂托处会结出一个"奶苞"，苞头尖端生长出"奶管"。"奶苞"成熟后，"奶管"里便滴出黄褐色的"奶汁"来。奶树根上丛生着许多幼树，像小孩一样依偎在母亲身旁。大奶树分泌出来的"奶汁"，由"奶管"滴出，下面的"子女"们便用狭长的叶面吮吸"奶汁"。有趣的是，当幼树长成后，大奶树便自然地从根部发生裂变，和小树脱离并"断奶"。大奶树被分离部分的树冠，随即开始凋萎，以利于幼树经风雨、见世面，接受阳光雨露，开始独立生长。

羊奶树

　　在希腊的吉姆斯森林地区，有一种被当地人称为"马德道其莱"（意即喂奶）的树。这种树高约3米，长有像萝卜缨一样的叶子，树身粗壮，凹凸不平，每隔几十厘米就有一个绿色的"奶苞"，会自己流出"奶汁"。这种"奶苞"在树根处更多。当地的牧羊人常将刚出生不久的羊羔放在那里，羊羔就会像吮吸母羊的奶一样，从"奶苞"上吮吸"奶汁"。据说，这种树上流出的"奶汁"，营养不亚于母羊奶。

"法力无边"的水葫芦

　　1899年，美国陆军工兵部队接到国会的一项特别命令，要求派兵消灭墨西哥湾一支强大的"绿色敌人"——水葫芦。接到命令后，工兵部队奔赴战场，先用长柄叉作武器，后改用炸药、火焰喷射器，最后使用

化学武器除草剂等，对成片的水葫芦进行全面围剿……

水葫芦是一种漂浮在水面上的草本植物，怎么会使美军这样大动干戈呢？事情得从头说起。

1884年，一位植物学家到巴西旅游，他发现水面上生长着一种植物，有着蓝紫色的花朵，叶柄像葫芦似的膨大，出于好奇，他把它带回美国，并在新奥尔良博览会上展出，被誉为"美化世界的淡紫花冠"。但没想到，仅十几年，水葫芦便泛滥成灾。在非洲的尼罗河、刚果河畔也出现了同样的情况。

水葫芦之所以泛滥成灾是因为它有惊人的繁殖力。据观察，一棵水葫芦在两个月内能繁衍出上千个后代，所以它能导致河道迅速堵塞，水流不畅，发电机叶片被缠，甚至驾驶员上当受骗，把车开向长满水葫芦的水面等恶劣后果。于是，人们便开始了对它的种种围剿。

围剿的结果是令人沮丧的，旧的一批去了，新的水葫芦更旺盛地生长起来。

正当人们一筹莫展之际，环保部门的人员却欣喜万分。因为他们发现水葫芦有转化和消除有毒物质的作用。水葫芦长有很多须根，这些须根会像毛刷子一样把有毒物质洗刷得干干净净，它的茎叶也有很强的吸附作用，用来净化污水，效果很好。实验表明，一公顷水葫芦一年可以从污水中净化出4吨氮和1吨磷；一亩水葫芦每4天就能从废矿水里获取75克银。另外，水葫芦对污水中的放射性元素也有明显的吸收净化作用。

水葫芦除了可作为污水净化器之外，它还是一种敏感的"生物报警器"。

它能敏锐地指示出砷的污染。如果污水中含有少量砷，只要持续2个小时，它的叶片就会出现明显的受害症状，呈现斑点，变黄失水……

水葫芦还是一种营养丰富的优质青饲料，富含蛋白质、糖类、维生素及矿物质，也是农田的上等绿肥。但净化过污水的水葫芦是不能作青饲料和肥料的。

除水葫芦以外，水葱、浮萍、芦苇等也有较好的净化污水的能力。

直径巨大的王莲叶

在南美洲的亚马孙河流域，生长着一种世界上最大的王莲，它的叶子的直径一般在 2 米以上，周围有直立的边缘，像一口大平底锅，一个普通身高的人，躺在叶面上是绰绰有余。王莲不但叶子大，载重力也特别大，坐上一个 30 千克重的小孩也不会下沉，有人曾把 75 千克重的沙子平铺在它的上面，它也照样岿然不动。这其中的秘密在哪里呢？

王莲的叶片和其他植物相似，它的叶片不厚，向阳的一面非常光滑，背面长满刺毛，非常粗糙。不过，它的叶片下面的正中间有一个叶柄，从叶柄到叶片的边缘，粗壮的叶脉严密有致地排列着，很像一个大铁桥的梁架，里面还有许多充满气体的坑窝，这就使叶子的载重力特别大。

王莲叶片的巧妙结构使世界上富有才华的建筑师都惊叹不已。据说 19 世纪英国有个叫约瑟的建筑师就是在仔细观察了王莲的叶脉构造以后，从中得到启示，完成了一个展览大厅的设计。工程竣工后，屋顶明亮雄伟，被誉为"水晶宫殿"。

王莲原产美洲热带，它的花像荷花，但比荷花大得多。它一般开两天，第一天傍晚开放，第二天早晨闭合，第二天傍晚再开，花的颜色也由白色逐渐变为淡红最终到深红色。它的种子只有豌豆大小。

从 19 世纪初欧洲人发现王莲以来，欧洲乃至世界各地都纷纷引种，我国也不例外，现在北京、广州等地都可见到它的芳容。

仙人掌的神奇之处

从前，沙漠中毒蛇出没，危害人类安全。过着游牧生活的阿兹台克部族，为了寻找没有毒蛇的地方定居，长途跋涉了一年仍没能如愿。后来他们在睡梦中听到了神的启示："阿兹台克人哪，走吧，找下去，当看到兀鹰叼着一条毒蛇站在仙人掌上，那就表示邪恶已被征服，你们可以在那里定居下来。"阿兹台克人按照神的指示，历尽艰辛，顽强地找寻着。一天，他们果真看到了神所启示的情景，便在特斯科湖附近的地方定居了，在那里逐渐建立起具有高度文明的特诺

奇蒂特兰城。相传它就是现在的墨西哥城。

这是流传于墨西哥的关于仙人掌的神话。在墨西哥一些史书上，也记载着远古时，神把仙人掌赐给墨西哥民族的传说。

墨西哥是举世闻名的仙人掌之国。它的境内主要是高原和山脉，占全国一半面积的北部地区有大片的沙漠。那里的仙人掌科植物多极了，几乎占了全世界仙人掌的一半，人们都说墨西哥大地似乎特别适合仙人掌的生长。巨大的仙人掌有的高达 15 米，有几百个枝杈，仿佛是一座楼。仙人柱更有几十米高的，像是沙漠上屹立的巨人。最大的仙人球直径有 2～3 米，重达 1 吨。仙人鞭、仙人棒、仙人山，也各展风姿，独具魅力。仙人掌的花绚丽灿烂，有黄色的、红色的，最大的直径达 60 厘米。它的果实有鸭蛋大小，除了黑色，什么颜色的都有，而且味道很甜。墨西哥的城市里处处栽种仙人掌，美化得与众不同。农民们也利用它们防止水土流失，保护农田。

仙人掌在墨西哥的历史上有重要的社会地位，它们有的被当做神明顶礼膜拜，有的被看成是避邪的神木，有的被用作治病的妙药。当然，仙人掌确有治疗肛肠出血和炎症的作用，甚至能抑制某些癌细胞。

墨西哥人吃仙人掌也很有一套。他们把仙人掌果实外边的刺削去，就可以生吃了；炒熟或做凉拌菜也别有风味。柔嫩多汁的绿茎可以盐渍糖腌，或者做凉菜、酸菜和蜜饯。墨西哥的菜市场里就有大量仙人掌嫩茎出售。除了直接吃，还可以用果实熬糖、酿酒。印第安人则喜欢把它磨成浆粉，用来煎糍粑当主食吃。

　　仙人掌和墨西哥人的不解之缘随处可见，连国旗、国徽和货币上，都有骄傲的仙人掌，它衬托着口衔大蛇的兀鹰成了装饰性的图案。仙人掌家族能在墨西哥兴旺发达，是因为它特别适应这里沙漠、半沙漠的自然环境。沙漠中降水很少，水的来源与保存是最大的问题。而仙人掌的根特别长，不仅能使自己牢牢地站在沙漠里，还能吸收土壤深层的水分。它的叶子退化成了小刺毛，大大减少了水分的蒸腾散失。于是本来主要由叶子承担的光合作用改由茎去完成。茎是绿色的，表面有角质和蜡质，既能减少蒸腾出去的水分，又不耽误光合作用。而且茎大大加粗了，变得肥厚多汁，在下雨时能很快地生长并大量贮存水分。在沙漠中往来的行人口渴时，就劈开仙人掌的茎，取里面的积水来滋润焦干的喉咙。最大的仙人掌能储存几百千克的水呢。

　　仙人掌耐渴的本领到底有多大？能好几年不喝水吗？有人拔起一个仙人球，称了称，有 37.5 千克重，然后扔在屋子里 6 年，没有理睬它，它却活了下来！再称一称，体重为 26.5 千克。也就是说，6 年它没喝一滴水，而不得不动用的储备水也仅仅消耗了 11 千克，换了别的植物，怕是早就魂归西天啦！

“药中之圣”人参

　　自古以来，人们不但把人参看作是一种珍贵药材，还将它尊为药中之圣。

　　2000 多年前的药书《神农本草经》中指出：人参能“补五脏，安精神”。另一本叫《图经本草》药书中记载：“使二人同行，一含人参，一空口，各走奔三、五里许，其不含人参者，心大喘，含者，气息自如。”在现代生活中，人

参的神奇功效也屡见不鲜。例如，当一个人休克或虚脱，服用人参汤，就能很快苏醒过来；一个垂死的患者，如果给他口中含一块野人参，就有可能延长几天寿命。

人参的种种特殊功效，使得很多人把它看成是一种起死回生的神药。伴随而来的，产生了许多怪诞离奇的传说，说什么人参是大地的精灵长成，有头、有足，还有眉眼，像一个白白胖胖的娃娃。甚至还说，在深山密林中生长人参的地方，人们常听到从地下传来的人参娃娃的啼哭声等，这些离奇的传说，不仅来自人参的神奇药效，还和人参奇特的外形密切相关。

人参是一种多年生草本植物，根系发达，主根长得像个小棒槌，从主根上长出许多侧根。人参的茎有地下茎和地上茎之分。每年春天，从地上茎长出一枚枚新叶。人参的叶是复叶，每枚复叶由5片小叶组成，小叶排列像手掌，所以这种复叶叫掌状复叶。到了夏天，从叶丛中抽出一根长长的花莛，花莛顶上长出许多朵黄绿色的花。花朵很小，直径只有5毫米左右。许多花朵像伞骨一样排列在一起，组成了伞形花序。到了秋天，从花序上结出一颗颗又圆又红的浆果。每颗浆果中含有2粒种子。当冬天降临前，人参在地上的叶和花统统枯萎死去，只留下了地下的根和茎渡过严冬，等待开春重新长叶抽莛、开花结实。

在人参的各个器官中，就数根和地下茎长得奇特，它的主根，很像人的躯干，在主根上端两边，常常一边长出一条侧根，好像人的两条胳膊。主根下端常常分成两权，好像人的两条腿。主根上端的地下茎，好像一个人头。地下茎在中药中叫做芦头。芦头上有许多脱落的叶基残痕，叫做鳞片。这些斑斑点点的鳞片，有时长得像人的眼睛、眉毛。这样，人参的地下部分，不就很像人的模样了吗？人参二字就是这样来的。在野人参和栽培人参二者中，野生人参更像人形，而且年龄越大，长得越像。

人参的寿命很长，野生人参可以活几百年。人参寿命的多少，可以从叶和芦头的形态上反映出来。人参的叶，在出生 6 年以前，各年数目不同。一年生的人参，只有 1 枚 3 片小叶的复叶，两年生的是 1 枚 5 片小叶的复叶，三年生的是 2 枚 5 片小叶的复叶。三年参才开花结实。四年参有 3 枚复叶，五年参有 4 枚复叶，六年参有 5 枚复叶，有时也有 6 枚复叶。生长 6 年以后，叶数不再增加，哪怕是上百年的参，每年也只生 5 枚或 6 枚复叶。所以寿命超过 6 年的人参，就不能用叶的数目来确定年龄了，但是可以用芦头上的鳞片数目，估计年龄的长短。鳞片越多，人参年龄就越大。

在自然界，人参的分布区域很狭窄，我国的人参只分布在长白山、小兴安岭东南部和辽宁省东部山区。国外仅朝鲜和俄罗斯的西伯利亚东部有分布。分布区域之所以狭窄，同它的生活习性有密切关系。人参非常娇贵，对生活环境要求十分苛刻。它喜光又畏光，一方面要求长日照，另一方面又不能烈日直射，因为叶片在烈日下很快就会被晒焦。它喜水又怕水，要求土壤中水分不能少于 30%，否则根就会枯死；但土壤中的水分又不能超过 50%，否则根部呼吸就会受阻，导致发育不良。人参还要求肥沃的棕色森林土或山地灰色森林土，平均气温要在 -10～10℃，年降水量要在 500～1000 毫米。我国长白山和小兴安岭一带，生长着大片红松针阔叶混交林，关照适中，温度、湿度适宜，土壤又肥沃，最适于人参生长。所以采参人都到红松针阔叶混交林中去寻人参。

野生人参果实成熟后，被一种叫做棒槌鸟的小鸟啄食，然后随着鸟类传播到远处，萌发成苗。人参的药用部位是它的根。一棵野人参要生长 50 年以上，根才能发挥明显的药效，这

时根的干重不过 50 克。一棵根重 400 克的老参，需要几百年的时间才能长成。人参的红色浆果鲜艳夺目，其生物学的意义本是要引起棒槌鸟的注意，便于种子传播繁衍种族，然而这红色鲜艳的浆果，也给一棵棵人参引来了杀身之祸——采参人主要是借助红色的人参果来发现它们的。人参在自然界的分布区域本来就很狭窄，数量很少，经过千百年来人们的大量挖掘，现已濒临绝灭。目前市场上见到的人参，绝大多数都是栽培的，野生参已极少见到了。

人参为五加科人参属的植物。人参属共有 5 种，除人参外，我国还有三七、羽叶三七和大叶三七。它们除具有滋补作用外，还具有止血的功能，尤其是三七，止血功能最好，是云南白药的主要成分。人参属的另一种产在美国和加拿大，叫做西洋参。西洋参也具有很强的滋补作用，但药力比人参温和得多。

番　茄

番茄，又叫西红柿，在今天是一种很常见的蔬菜。据记载，它的老家在南美洲秘鲁的丛林幽谷之中，它的枝叶上有股难闻的气味，所以曾在很长一段时间内被误认为是有毒植物，艳丽的果实竟无人敢吃。印第安人起初称它为"狼桃"，认为只有狼才敢吃它。16 世纪时，英国俄罗达拉里公爵漫游南美，看到这种鲜红美丽的果实十分喜欢，便带回一株献给女王伊丽莎白观赏，此后，番茄就传入欧洲，在庭园种植观赏。由于它的果实既像柿子，又似苹果，所以便有"西红柿"和"金色的苹果"之名。

人们后来是如何知道番茄可以食用的呢？据说有个法国画家先写下了遗嘱，然后冒死吃了一个"狼桃"，他虽然尝到了酸甜可口的美味，但想到种种可怕的传说，只得躺在床上心惊肉跳地等候死神

的降临。过了大半天，他发现自己仍旧活着，便立即爬起来把遗嘱烧了，兴冲冲地出门告诉亲友们。这件事广泛传开，许多科学家对番茄也进行了研究，证明它是一种营养丰富的果实。从此，番茄风靡全球。

番茄既可当蔬菜，又可当水果，其中维生素 C 的含量是西瓜的 10 倍，对治疗坏血病、感冒、过敏性紫癜症和提高人体抵抗力都有重要作用。

日本已培育出番茄树，一棵干长 16 米的番茄树结果 3000 多个，预计可结果上万个，而且是用温室无土栽培成的，日本人给它取名为"妖怪西红柿"。

海带被称作"碘的仓库"

海带生长在海里，像一根长长的带子，在海底随水飘动，所以被称作海带。

海带一般生活在浅海里，呈棕色，它既没有茎，也没有枝，全身就是一条长长的"叶子"。它不会开花结实，它的繁殖方法很奇特：先在"叶子"上长出许多口袋一样的孢子囊，囊里有很多孢子，成熟时，孢子囊破裂，里面的孢

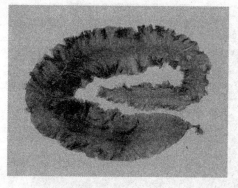

子就露出来了，在合适的条件下，就会发芽长成一条海带。海带身上长有能把自己固定在海底的假根，保证它不会被水冲走。

经常吃一些海带，对我们人体是很有好处的。海带含碘量很高，碘是人体必需的微量元素，缺少碘会得甲亢，就是我们平常说的"大脖子病"。另外海带还含有蛋白质、脂肪、糖及多种维生素。海带除了供我们食用以外，还可以作为工业和医药原料。

现在，人们不只是到海里去采集海带，还实现了海带的人工栽培，我国海带的人工栽培在世界上处于领先地位，约占世界总产量的1/2。

秀美奇异的山川景观

奇妙的山川风景和独特的美景，集合趣味性与观赏性于一身，是奇趣大自然的重要组成部分。

奇妙的火焰山

火焰山位于中国新疆维吾尔自治区吐鲁番盆地的北缘，古书称赤石山，维吾尔语称为"克孜勒塔格"，意为红山。火焰山脉呈东西走向，东起鄯善县兰干流沙河，西止吐鲁番桃儿沟，长 100 千米，最宽处达 10 千米，一般高度在 500 米左右，最高峰在鄯善吐峪沟附近，海拔 831.7 米。火焰山重山秃岭，寸草不生。每当盛夏，红日当空，地气蒸腾，焰云缭绕，形如飞腾的火龙，十分壮观。

据地质学家说，火焰山是天山东部博格达山坡前山带短小的褶皱，形成于喜马拉雅山运动期间。山脉的雏形形成于距今 1.4 亿年前，基本地貌格局形成于距今 1.41 亿年前，经历了漫长的地质岁月，跨越了侏罗纪、白垩纪和第三纪几个地质年代。火焰山自东至西，横亘在吐鲁番盆地中部，为天山支脉之一。亿万年间，地壳横向运动时留下的无数条褶皱带和大自然的风蚀雨剥，形成了火焰山起伏的山势和纵横的沟壑。在烈日照耀下，赤褐砂岩闪闪发光，炽热气流滚滚上升，云烟缭绕，犹如大火烈焰腾腾燃烧，这就是"火焰山"名称的由来。

火焰山深居内陆，湿润气流鞭长莫及难以进入，云雨稀少，十分干燥，太阳辐射被大气削弱少，到达地面热量多；地面又无水分供蒸发，热量支出少，地温升得很高，火烫的大地既可烙饼，又能烤熟鸡蛋；而大地又把能量源源不断地传给大气。加上火焰山地处闭塞低洼的吐鲁番盆地中部，一方面阳光辐射积聚的热量不易散失；另一方面沿着群山下沉的气流送来阵阵热风，由于焚风效应，更加剧了增温作用，以上种种，使这里形成名副其实的"火洲"。

由于地壳运动断裂与河水切割，火焰山山腹中留下许多沟谷，主要有桃儿沟、木头沟、吐峪沟、连木沁沟、苏伯沟等。而这些沟谷中绿荫蔽日，风景秀丽，流水潺潺，瓜果飘香。其中最著名的要数吐峪沟大峡谷了。吐峪沟大峡谷位于鄯善县境内火焰山中段，北起苏巴什村，南到麻扎村，两村间的峡

谷长约 12.5 千米，大峡谷面积约为 12 平方千米。南、北两端有简易的盘山公路相连通。南谷口西南距高昌古城 13 千米，地理位置优越。

吐峪沟大峡谷内有火焰山的最高峰。吐峪沟大峡谷的东、西两峰，素有"天然火墙"之称，温度最高时可达 60℃。吐峪沟大峡谷浓缩了火焰山景观的精华。沟谷两岸山体本是赭红色，在阳光的照耀下便显得五彩缤纷，且色彩浓淡随天气阴晴雨雾而变幻万千。山涧小溪斗折蛇行向南流去，漫步谷底，溪流清澈。仰望千姿百态的五彩奇石，红、黄、褐、绿、黑等多种色彩杂陈于眼前。吐峪沟峡谷山体之奇、山岩之美、涧水之秀、珍果之甜，为其他峡谷所少有，称之为"火焰山中最壮美的峡谷"。

吐峪沟大峡谷底部的土壤呈黄红色。穿谷而过的天山雪水将黄红色的土壤冲出南谷口，在峡谷南端形成了肥沃的冲积平原。这种土壤最适宜培植无核白葡萄，所以葡萄最早落户中国正是在吐峪沟。这里是吐鲁番无核白葡萄的故乡，也是无核白葡萄的出口基地之一。这里出产的无核白葡萄颗粒最大、甜味最浓，素有"葡萄中的珍品"之美誉。

葡萄沟也是风景秀丽、瓜果飘香的沟谷之一。葡萄沟位于火焰山西端，沟中铺绿叠翠，景色秀丽，别有洞天，同火焰山光秃秃的山体形成鲜明的对照。葡萄沟内，两山夹峙，形成坡洼沟谷，中有湍急溪流，沟长 8000 米，宽 500

米，其间布满了果园和葡萄园。这里世代居住着维吾尔、回、汉等民族的果农，主要种植著名的无核白葡萄和马奶子葡萄，还有玫瑰红、喀什哈尔、比夫干、黑葡萄、琐琐葡萄等优良葡萄品种。沟中的无核白葡萄晶莹如玉，堪称天下最甜的葡萄。葡萄沟的崖壁中渗出泉水，汇而成池，池水清澈。漫步于此地，令人有不知身在炎炎火焰山中之感。

无奇不叫泰山

泰山占地总面积426平方千米，主峰玉皇顶海拔1532.7米，是中国东部沿海地带的第一高山，有"泰山天下雄"之誉。古往今来，官宦仕者，墨客骚人，无不以登泰山为荣，圣人孔子曾有"登泰山而小天下"之叹，而"诗圣"杜甫也吟出了"会当凌绝顶，一览众山小"的豪言壮语。

自古以来，游览泰山的人都希望看到泰山极顶的日出奇观，这是泰山最迷人的景象。在泰山极顶观日出有两种情形：一种是观陆地日出，一种是观海上日出。

陆地日出时，先是东方一线晨曦由灰暗变成淡黄，又由淡黄变成橘红。东方天幕逐渐喷射出万道金色的霞光，接着，东方天空中的云朵七色交杂，气象万千又瞬息变化，满天彩霞与地平线上的茫茫雾霭连为一体。最后，一轮红日跃出云幕，冉冉升起，顷刻之间，金光四射，群峰尽染，大地复苏。观陆上日出的机会较多，每当秋、冬交替之时，只要云气较少且前一天刮西北风，或是雨后转西北风而次日天清气朗时，游人就能大饱眼福，不枉泰山之行。

在岱顶观海上日出的机会很少，只有夏至和冬至前后，日出方向避开胶东半岛而在与陆地最近的海域内、夜间晴朗无风、大气层折射达 52° 时才能看到。岱顶海上日出是其他地方无法比拟的。起初太阳像个赤轮在海面上上下跳荡，欲上又止，红艳欲滴。最后，太阳变成火球跃出水面，腾空而起，整个过程像一个技艺高超的魔术师在瞬息间变幻出了千万种多姿多彩的画面。

此外，在泰山最难得的是还能看到日珥。日珥是太阳表面上喷射的火焰状炽热气体，只有在日全食时才能用肉眼看到。

云海玉盘是岱顶的又一奇观。它多在夏、秋两季出现，需要适宜的自然条件。如果雨后水蒸气大量上升，或夏季从海上吹来的暖湿空气被高压气流控制在海拔 1500 米左右，与泰山海拔高度持平，加之此时恰好无风，在岱顶就会看见白云平铺万里，犹如一个巨大的玉盘悬浮在天地之间。远处的群山全被云雾吞没，只有几座山头露出云端；近处游人踏云驾雾，仿佛来到了仙境。微风吹来，云海浮波，诸峰时隐时现，像不可捉摸的仙岛；风大后，玉盘便化为巨龙，上下飞腾，如翻江倒海一般。无论在国内或国外，宝光都极难看到。泰山宝光多出现在碧霞祠东、西、南诸神门外的云雾中，因而得名。碧霞宝光因在光环中有圣像，故又被誉为"泰山佛光"，是泰山极为罕见的神奇光晕景象。

如果遇浓雾或密云天气，背光仔细观察，便见云雾经强光照射而衍生出一个五彩光环，环中央还晃动着观赏者的身影。光环呈现出红、橙、黄、绿、蓝、靛、紫各色，绚丽动人。

最外层的艳红光圈如斑斓日珥，闪闪发光。如果云雾平稳，则可持续几十

分钟。光环大小与云雾中的水滴大小有关,水滴越大,光环越小。当云雾中大小水滴并存时,即可形成两个或两个以上不同的光环,称作多重宝光。

据记载,泰山佛光大多出现在 6～8 月,观赏宝光须在半晴半雾的天气。此时空气潮湿、含水量大,云雾顺山谷向上徐徐移动,当太阳斜射时,顺光观察雾幕,即可看到宝光。

佛光闪耀的莫高窟

敦煌莫高窟是我国内容最丰富、保存最完好的石窟艺术宝库。石窟艺术是集建筑、雕塑、绘画三位于一体的综合艺术体,是实用性和艺术性有机结合的完美立体艺术。1987 年 12 月 11 日,联合国教科文组织世界遗产委员会将莫高窟列入世界文化遗产清单。

敦煌有不少谜,莫高窟出现的万道金光就是其中之一。

雨过天晴、空气清新的清晨或黄昏之时,如果从敦煌城驱车沿安敦公路向东南而行,就会被几十里以外的三危山呈现的奇特景象所吸引。只见这座陡然

崛起、劈地摩天的大山之巅,在朝阳或落日余晖的照耀下,放射出五彩缤纷的光芒。

莫高窟的这种奇特景象,千百年引来无数人的瞩目。最早记录这一现象的,是唐朝圣历元年(698年)李怀让的《重修莫高窟佛龛

碑》，碑文记载："莫高窟者，厥初秦建元二年，有沙门乐僔，戒行清虚，执心恬静，尝杖锡林野，行至此山，忽见金光，状有千佛，遂架空凿岩，造窟一龛……"文中所指的山即三危山，所造的龛像，就是敦煌千佛洞最早的洞窟。

在莫高窟修行的高僧历来甚多，他们死后皆葬于此，世人称之为土墩塔。我国最早记载山川地形的《尚书·禹贡》中就有"窜三苗于三危"的话，可见早在新石器晚期，这里就有人类活动了。据《都司志》"三危"条下注释：此山之"三峰耸峙如危欲坠，故云三危"，三危山也由此而得名。若登上山巅，可东望安西，西尽敦煌，山川树木，尽收眼底，所以古来又有"望山"之称。

对于莫高窟的佛光，科学界存在两种解释。第一种解释是，三危山纯为砂浆岩层，属玉门系老年期山，海拔高度约1846米，岩石颜色赭黑相间，岩石内还含有石英等许多矿物质，山上不生草木，由于山岩成分和颜色较为特殊，因而在大雨刚过、黄昏将临，空气又格外清新的情况下，经落日余晖一照，山上的各色岩石便同岩面上未干的雨水及空气中的水分一齐反射出五彩缤纷的光芒，将万道金光的灿烂景象展现在人们眼前。

另一种解释是，莫高窟修造在鸣沙山东麓的断崖上，崖前有条溪，在唐代叫"宕泉"，现今叫大泉河，河东侧的三危山与西侧的鸣沙山遥相对峙，形成一夹角。傍晚，即将西落沉入戈壁瀚海的落日余晖，穿透空气，将五彩缤纷的万道霞光洒射在鸣沙山上，反射出万道金光，这正是我们有时看到的"夕阳西下彩霞飞"的壮丽景象。

无论是出现在三危山，还是鸣沙山两个方向的所谓的"金光"，都是一种在特殊条件下产生的自然现象，究竟何种解释更为客观，还有待进一步探研，揭示谜底。

气势雄壮的黄果树大瀑布

　　黄果树瀑布群是中国贵州省境内一处以瀑布、溶洞、石林为主体的独特风景区。位于镇宁布依族苗族自治县境内。白水河流经此地，因山峦重叠，河床断落，多急流瀑布，奇峰异洞，黄果树附近形成九级瀑布。黄果树瀑布是其中最大的一级，瀑布高74米，宽81米，集水面积达770平方千米，是中国最大的瀑布，也是世界著名的瀑布之一。

　　黄果树瀑布群是大自然的产物。黄果树瀑布发育在世界上最大的华南喀斯特区的中心部位，这里的地表和地下都分布着大量可溶性碳酸盐岩，区域地质构造十分复杂；加上这里位于亚热带季风性湿润气候的南缘，水热条件良好，形成打帮河、清水河、灞陵河等诸多河流。它们在向下流经北盘江再汇入珠江时，对高原面进行溶蚀和切割，加剧了高原地势的起伏，从而形成了各种各样绚丽多姿的喀斯特地貌。由于河流的袭夺或落水洞的坍塌等原因，形成了众多的瀑布景观，黄果树瀑布群便是其中最典型、最优美的喀斯特瀑布群。

　　由于黄果树瀑布群的瀑布不仅风韵各具特色，造型十分优美，而且在其周

围还发育了许多喀斯特溶洞，洞内发育有各种喀斯特洞穴地貌，形成了著名的贵州地下世界，具有极大的旅游观光价值。

黄果树大瀑布是黄果树瀑布群中最为知名的瀑布，它位于镇宁布依族苗族自治县城关镇西南约 25 千米，东北距贵阳市 150 千米。最新测量结果表明，黄果树大瀑布高为 74 米，宽达 81 米。因此，黄果树大瀑布水量充沛，气势雄壮。漫天倾泻的瀑布，带着巨大的水流动能，发出如雷巨响，震得地动山摇，展示出大自然的力量与气势。巨量的水体倾覆直下，又形成了大量的水烟云雾，使得峡谷上下一片迷蒙，呈现出一种神秘的色彩。瀑布平水时，一般分成四支，自左至右，第一支水势最小，下部散开，颇有秀美之感；第二支水量最大，更具豪壮之势；第三支水流略小，上大下小，显出雄奇之美；最右一支水量居中，上窄下宽，洋洋洒洒，最具潇洒风采。黄果树瀑布之景观，随四季而替换，昼夜而迥异。

黄果树大瀑布还有二奇：一奇是瀑上瀑与瀑上潭，瀑上瀑是主瀑之上一高约 4.5 米的小瀑布，其下还有一个深达 11.1 米的深潭，即瀑上潭。瀑上瀑造型极其优美，与其下的黄果树主瀑形成了十分和谐的瀑布组合景观。二奇是水帘洞，为主瀑之后、瀑上潭之下、钙华堆积之内的一个瀑后喀斯特洞穴。

水帘洞高出瀑下的犀牛潭 40 余米，其左侧洞腔较宽大敞亮，并有三道窗孔可观黄果树瀑布；右侧因石灰华坍塌，洞体仅残存一半，形成一个近 20 米高的岩腔。水帘洞不仅本身位置险要，而且洞内之景颇有特色。然而，长期以来，由于进洞道路艰难危险，除少数探险者敢冒险进洞游览之外，一般游人是很少进去的。下面的犀牛潭，深达 17.7 米，在黄果树大瀑布跌落的巨量水流冲击下，激起高高的水柱，若游人不小心从水帘洞中滑入犀牛潭，则非常危险。

游人在水帘洞中观赏美景时，往往会想到自己正处在瀑布之下，巨量的水

不可思议的大自然

体正从头上压顶而过时，不禁会产生一种难以名状的压抑感，甚至是一种恐惧感，仿佛洞内的岩壁会随时被压垮倾覆，跌落下来一般，以致不敢久留。只有当走出了水帘洞时，看到洞外一片明亮，灿烂阳光下翠竹簇簇，婆娑起舞，林木葱茏，树叶扶疏，才会不觉松一大口气，精神为之一振。

那么，黄果树大瀑布如此壮美的景观又是怎样形成的呢？对于黄果树大瀑布的成因问题，可谓众说纷纭。有人认为它是典型的喀斯特瀑布，由河床断陷而成；有人则认为是喀斯特侵蚀断裂——落水洞形成的。还有一种说法是，黄果树大瀑布前的箱形峡谷，原为一落水溶洞，后来随着洞穴的发育、水流的侵蚀，使洞顶坍落，从而形成瀑布。由于一个瀑布的形成过程与瀑布所在河流的发育过程紧密相关，故探究黄果树瀑布的形成过程须与白水河的演化发育历史结合起来考虑。这样，就可以把黄果树瀑布的发育过程大致分成七个阶段：前者斗期、者斗期、老龙洞期、白水河期、黄果树伏流期、黄果树瀑布期和近代切割期。其形成时代大约从距今 2700 万年至 1000 万年的第三纪中新世开始，一直延续至今，经历了一个从地表到地下再回到地表的循环演变过程。

非洲高原上的珍珠项链

　　维多利亚瀑布是世界上最大的瀑布，位于非洲南部赞比西河中游的巴托卡峡谷区，地跨赞比亚和津巴布韦两国。

　　瀑布落差106米，宽约1800米，瀑布带所在的巴托卡峡谷绵延长达130千米，共有七道峡谷，蜿蜒曲折，成"之"字形，是罕见的天堑。在离瀑布40~65千米处，人们可看到升入300米高空如云般的水雾；在未见到瀑布前的远方，就能听到水的轰鸣声。当地称该瀑布为"莫西奥图尼亚"，意思是"雷鸣之烟"。

　　赞比亚的中部高原是一片300米厚的玄武熔岩；熔岩于两亿年前的火山活动中喷出，那时还没有赞比西河。熔岩冷却凝固，出现格状的裂缝，这些裂缝被松软的物质填满，形成一片大致平整的岩席。在50多万年前，赞比西河流过高原，河水流进裂缝，冲刷裂缝的松软填料，形成深沟。河水不断涌入，激荡轰鸣，直至在较低的边缘处找到溢出口，注进一个峡谷。这就是第一条瀑布的形成过程。这一过程并没有就此结束，在瀑布口下泻的河水逐渐把岩石边缘最脆弱的地方冲刷掉。河水不断地侵蚀断层，把河床向上游深切，形成与原来峡谷成斜角的新峡谷。河流一步步往后斜切，遇到另一条东西走向的裂缝，把里面的松软填料冲刷掉。整条河流沿着格状裂缝往后冲刷，在瀑布下游形

成"之"字形峡谷网。

赞比西河接近瀑布时，河水在巴托卡峡谷突然折转向南，从悬崖边缘下泻，形成一条长长的白练，以无法想象的磅礴之势翻腾怒吼，飞泻至狭窄嶙峋的陡峭深谷中。

整个瀑布被巴托卡峡谷上端水面的四个岛屿划分为五段。最西一段被称为魔鬼瀑布，此瀑布以排山倒海之势，直落深谷，轰鸣声震耳欲聋。该地段宽度只有30多米，水流湍急，即使旱季也不减其气势。与魔鬼瀑布相邻的是主瀑布，流量最大，高约93米，中间有一条缝隙。主瀑布东边是南玛卡布瓦岛，旧名称利文斯敦岛。因当年英国传教士利文斯敦乘独木舟到达此岛而得名。而南玛卡布瓦岛东边的一段瀑布被称作"马蹄瀑布"。再往东去，是维多利亚大瀑布的最高段，在此段峡谷之间，水雾飞溅，经常会出现绚丽的七色彩虹，被称为"彩虹瀑布"。维多利亚大瀑布最东面的是"东瀑布"，它在旱季时往往是陡崖峭壁，雨季才挂满千万条素练般的瀑布。大瀑布的第一道峡谷东侧，有一条南北走向的峡谷，峡谷宽仅60多米。整个赞比西河的巨流就从这个峡谷中翻滚呼啸狂奔而出。峡谷的终点，被称作"沸腾锅"。这里的河水宛如沸腾的怒涛，在天然的"大锅"中翻滚咆哮，水沫腾空达300米高。

峡谷东部有处景观叫"刀尖角"，是突出于峡谷之中的三角形半岛，该地中途骤然收窄，直至成刀尖点。从刀尖角到对岸有30多米的间隔，在1969年建有一座宽2米的小铁桥用来沟通峡谷两岸。铁桥飞架在急流之上，名叫"刀刃桥"。这是一处令人心惊胆战的最佳观景点。漫天的巨涛从前面扑来，万丈崖都在抖动，不但壮丽，而且震撼人心。

居住在维多利亚瀑布附近的科鲁鲁族人，心中对维多利亚瀑布充满了恐惧之情，都不敢靠近它。与之相反，邻近的汤加族人则视瀑布为神物。他们每年都在其附近举行活动。

藏在南美的伊瓜苏

"伊瓜苏"在南美洲土著居民瓜拉尼人的语言中，意为"大水"的意思。当地有这样一个美丽的传说：某部族首领之子站在河岸上，祈求诸神恢复他深爱的公主的视力，所得回复是大地裂为峡谷，河水涌入，把他卷进谷里，而公主却重见光明，她成为第一个看到伊瓜苏瀑布的人。

1541 年，西班牙探险家德维卡来到这里，他是最早发现这条瀑布的欧洲人。德维卡并不觉得伊瓜苏瀑布特别壮观，只形容为"可观"，他描绘伊瓜苏瀑布，说它"溅起的水花比瀑布高，高出不止掷矛两次之遥"。耶稣会教士继西班牙人来此传扬基督教，建立传教机构。其后，奴隶贩子来此掳掠瓜拉尼人，卖到葡萄牙和西班牙种植园去。耶稣会教士于是留下来保护瓜拉尼人。西班牙王查理三世居然听信了庄园主的谗言，1767 年把该会教士逐出南美洲。在阿根廷波萨达斯附近，仍保留着一座耶稣会的古建筑，称为圣伊格纳西奥米尼，建于 1696 年，是观赏瀑布的旅游中心。

伊瓜苏河发源于塞罗多马（Serrodo Mar），紧靠圣保罗南部的巴西海岸，向西流入内陆，流程约 1320 千米，河流顺着蜿蜒曲折的河道流淌，在穿越巴拉那高原

之前，因支流汇入而河水上涨，河流途经 70 多个瀑布，使航道不时中断。其中最大的为纳空代瀑布，落差 40 米，几乎和尼亚加拉大瀑布相当。伊瓜苏最终流到巴拉那高原边缘，在其汇入巴拉那河前不远处，在伊瓜苏瀑布上方直泻而下。

此处的伊瓜苏河宽约 4 千米，河水就在整个宽度上，在壮观的新月形陡崖处倾泻而下。共有 275 股独立的大小瀑布，其中有些瀑布径直插入 82 米深的大谷底，另一些被撞击成一系列较小的瀑布汇入河流。这些小瀑布被抗蚀能力强的岩脊所击碎，腾起漫天的水雾，艳阳下浮现出闪烁不定的绚丽彩虹。在两条小瀑布之间的岩石突出处，绿树密布；棕榈、翠竹和花边状的树蕨构成丛林周围的前哨。树下，热带野花——秋海棠、凤梨科植物和兰花透过下木层争奇斗艳。穿梭于树冠层的各种鸟类，如鹦鹉、金刚鹦鹉及其他披艳丽羽毛的鸟类形成了缤纷的色彩。

巴西和阿根廷双方的国家公园均位于瀑布的某一侧，通常需要经由另一侧才能接近瀑布。也许从直升机上能获得最佳视点，惊心动魄的全景尽收眼底。但是最具刺激性的体验瀑布的方法，是行经跨越河流上空的狭窄通道，从紧靠山脉的一侧横越瀑布至远端的一侧。偶尔，小路也会被洪水充盈的河流冲掉，如果你紧靠这一地区，就会感受到因河水直泻深渊而迸发出来的巨大能量。

11 月到第二年的 3 月是此处的雨季，瀑布最为壮观。但是，在一年中任何时间里都有美景。尽管持续的急流给人以恒久的印象，但是，据知，瀑布也有断流的时候。1975 年 5 月和 6 月，天气特别干旱，河流逐渐断流，25 天内没有一滴水流经崖边，使得当时的游客非常扫兴，这是自 1934 年瀑布干涸以来的第一次。

在上巴拉那河上，与伊瓜苏河汇合处的上游 160 千米处是萨尔托多斯塞特奎达斯瀑布，或叫瓜伊拉瀑布。这条瀑布平均高度仅 34 米，但当测定其年平均径流量时，它却是世界径流量最大的瀑布。瀑布上缘宽 5 千米，据估计，每秒流量为 1.33 万立方米，相当于在 0.6 秒钟内充满伦敦保罗大教堂的圆顶。

让你惊叫的钱塘江大潮

　　浙江省的钱塘江涌潮以其浩渺壮观而闻名于世。在涌潮的强度上，钱塘江潮在世界大河中数一数二；在潮景的变化上，是其他任何河流所无法与之相比的。当涌潮在天边出现的时候，如同素练横江；等涌潮长驱直入来到眼前的时候，又有万马奔腾的气

势，那种雷霆万钧、锐不可当的力量给人无比强烈的视觉冲击。

　　"一年一度钱江潮"的说法是不科学的。它给不了解情况的人一个错觉，以为钱塘江潮一年只有一次。其实钱塘江在每个月都有两次大潮汛，每次大潮汛又有三五天可以观赏涌潮。钱塘江河口和杭州湾位于北纬30°～31°。就天文因素而言，除南岸湾口附近属非正规半日潮外，其余部位的潮汐均属半日潮，即一日有两次潮汐涨落，每次涨落历时 12 小时 25 分，两次涨落的幅度略有差别。潮汐是有"信"的，到了该来的时候就一定来，绝不会爽约。那么涌潮为什么会这么有规律呢？

　　我们知道，地球上的海洋潮汐是海洋水体受天体（主要是月亮和太阳）引力作用而产生的一种周期性运动。潮汐的涨落有一定规律，中国人早就认识到了这一自然现象。阴历每月有两次大潮汛，分别在朔（初一）日之后两三天和望（十五）日之后两三天，而在上、下弦之后的两三天则分别为小潮汛。每年

三月下半月至九月上半月，太阳偏向北半球时，朔汛大潮大于望汛大潮，且在大潮期间日潮总是大于夜潮；而在九月下半月至次年三月上半月，太阳偏向南半球时，情况刚好相反，朔汛大潮小于望汛大潮，大潮期间的日潮也总是小于夜潮。愈接近春分和秋分，这种差异愈小；愈接近夏至和冬至，这种差异愈大。就全年而言，则以春分和秋分前后的大潮较大。至于这两个时期的大潮哪个大，则有196年的周期变化，其中一半时间春分大潮大，另一半时间秋分大潮大，两者的差别也由小逐渐增大，然后又由大逐渐减小。

风对潮汐传播也有很大影响。钱塘江涌潮若得到东风或东南风相助，将更为壮观；若遇西风或西北风，将大大逊色。因此，阴历七月望汛的大潮常常胜过阴历八月望汛大潮，俗称"鬼王潮"。阴历八月初、九月初的大潮胜过阴历八月望汛大潮的机会也很多。

实际上，一年最壮观的涌潮并不都在阴历八月十八日。宋代陈师道"一年壮观尽今朝"的说法，只不过是当时已形成阴历八月十八日观潮的风气而已。

钱塘江涌潮是东海潮波进入杭州湾后，受特殊的地理条件作用所形成的。江道地形的影响特别大，不仅使涌潮景千变万化，还使涌潮抵达沿程各地的时间受到明显影响。在南宋之前，整个钱塘江和杭州湾平面轮廓呈一顺直的喇叭形，潮势直冲杭州以上。吕昌明量定的杭州《四时潮候图》便是针对当时情况制定的。自北宋末期，江道开始变弯，杭州的潮势开始衰退，至明末清初江道首次靠近盐官，海宁潮势远胜于杭州，杭州的潮候大大推迟，吕昌明量定的《四时潮候图》已不适用于杭州，却大体上适用于海宁。20世纪60年代后期开始大规模治江围涂，人为地加速了河口演变过程，江道形势又发生了巨大变化，沿江各处的潮势也随之而异，不仅杭州的潮候进一步推迟，海宁盐官的潮候也有所推迟。

潮汐既然是海洋水体受天体引力作用而产生的一种周期性运动，那么它应该是周而复始、永不误期的。钱塘江涌潮为海洋潮波在钱塘江河口这种特殊地形条件下的特殊表现，当然也应遵守这一规律，可是从唐代以来的记载中看，钱塘潮涌却多次失期。潮水为什么该涨的时候不涨，不该涨的时候反而巨浪滔天呢？这里恐怕跟钱塘江河口的地理位置有密切的联系。

钱塘江涌潮既然是东海潮波在钱塘江河刚寺特殊地形条件下的特殊表现形式，就必然要受河口地形条件变化的左右。上述涌潮失期现象全部发生在杭州。唐朝以前，钱塘江江道顺直，潮头直冲杭州，故而杭州上下，潮势强劲。后因杭州湾北岸逐渐北退，南岸则向北淤涨；而杭州至海宁间江道又由南向北移，河道由直变弯，长度增加，涌潮也随之下移。

随着历史的发展，江道的演变，杭州的潮势便有所衰退。另外，钱塘江河口的泥沙主要来自大海，涨潮流中夹带着大量泥沙，落潮时部分泥沙淤积在河口段，靠每年汛期上游来的山水将泥沙往下冲移。一旦遇上雨少天旱，山水流量小的年份，便造成河口江道淤塞，妨碍潮波传播。当江道淤塞较严重时，涌潮便不能到达杭州。所以，涌潮失期并不是没有产生涌潮，而是传播受阻，到不了杭州。

近二三十年内，涌潮失期现象也常发生。不仅杭州市区，而且赭山、乔司一带也曾出现过。杭州附近曾连年发生涌潮打翻船只，甚至有涌潮冲上岸掀翻汽车的事故。1976 年开始，钱塘江山水偏少，加上 1978—1979 年连续干旱，海宁八堡东面江心的沙洲北移，甚至同北岸相连，江道在这里又形成了一个大弯，涌潮不仅传播不到杭州，连海宁盐官镇的涌潮也大为减弱，以至于来观潮的中外游客乘兴而来，败兴而去，感叹"海宁观潮名存实亡""只有人潮，没有涌潮"。其实，只要地点选择得当，仍可以欣赏到颇佳的涌潮。

一般说来，涌潮总是有规律地在钱塘江上出现，但有的时候由于受复杂的环境因素影响，偶尔会"失信"于人，这也是钱塘江潮最令人捉摸不定的所在。

四大毒泉之谜

《三国演义》第89回，描述诸葛亮南征到西洱河，四擒四纵孟获。孟获与其弟孟优逃到秃龙洞讨救兵。秃龙洞主朵思大王夸口附近有四个毒泉："若蜀兵到来，令他一人一骑不得还乡。"这四个毒泉，"一名哑泉，其水颇甜，人若饮之，则不能言，不过旬日必死；二名灭泉，此水与汤无异，人若沐浴，则皮肉皆烂，见骨必死；三名黑泉，其水微清，人若溅之在身，则手足皆黑而死；四名柔泉，其水如冰，人若饮之，咽喉无暖气，身躯软弱如绵而死。"蜀兵"于路无水，若见此四泉，定然饮水。虽百万之众，皆无归矣"。

果然，汉军先锋王平率领几百名军士前头探路，天气酷热，人马争饮哑泉水。等他们回到大营，一个个只会指着嘴巴，张口结舌说不出话来。后来幸亏有神灵指教，寻到山林深处一位叫"万安隐者"的住处。隐者教童子引王平等一队哑军先饮草庵后的安乐泉，饮毕"随即吐出恶涎，便能言语"。隐者又告诫诸葛亮，此地还有三处毒泉，切不可饮；但掘地为泉饮之无妨。于是汉军无

恙，安全行军到秃龙洞前，五擒孟获。

诸葛亮南征的故事发生在云南境内，云南有没有这样的四个毒泉呢？现在人们认为很可能有。尽管《三国演义》是小说，许多人物和情节都是虚构的，但其中

涉及的大量天文、地理、气象等知识，很多并非杜撰。

有人推测，所谓哑泉，可能是一种含铜盐的泉水，也就是硫酸铜（胆矾）的水溶液，称为胆水。云南处在"三江多金属成矿带"的主体位置上，境内遍布大小铜矿，著名的东川铜矿自东汉起就开始开

采。但云南铜矿多为铜的硫化物矿床，如黄铜矿等，这类矿石中的铜不会溶于水，何以能变成铜溶液呢？这可能是几种微生物的功劳，如氧化硫杆菌、氧化铁硫杆菌、氧化铁杆菌等。黄铜矿往往与黄铁矿以及其他金属硫化物矿石共生，这几种微生物就生活在低含量无机盐弱酸性矿水中。在其自养过程中，专吃矿中的硫化物和低价铁，促使黄铁矿中的低价铁成为高价铁，变成硫酸铁和硫酸。形成的这种酸性菌液，对矿石中的铜或其他金属又有氧化、分解和溶解等作用，于是把本来不溶于水的铜转化成硫酸铜（胆矾），溶于水中成了胆水，这叫微生物沥滤反应。

胆水饮后引起的铜盐中毒症状是：呕吐、恶心、腹泻，说话不清，最后虚脱、痉挛而死，与《三国演义》中描写得很相像。胆水解毒最简单的办法是渗进大量石灰水，两者反应生成不溶于水的氢氧化铜和硫酸钙沉淀，剩下的是解除了毒性的清水。估计救了诸葛亮部下性命的安乐泉，当时就是碱性水，能使铜盐产生不溶性沉淀物。哑军饮了此泉就等于洗了胃，减轻了中毒症状。

所谓灭泉，很可能是水温极高的温泉，古人也称为汤泉。云南地处活动强烈的滇藏地热带上，现在全省已发现了480余处温泉，是我国仅次于西藏的地热资源最丰富的省区。在云南西部，即使是高温的沸泉也很普遍。有"热海"之称的腾冲，90~105℃以上的沸泉有10来处，其中以硫黄塘沸泉名声最大。这是一个直径3米、深1米多的圆形热水池，池内热浪翻滚，雾气蒸腾，水温

始终保持在96℃以上,俗称大滚锅,真是"与汤无异"。在这口大滚锅里煮鸡蛋或烫鸡拔毛,只要几分钟就够了。人如果跌进这样的沸泉里,难免"皮肉皆烂,见骨必死"。

在腾冲县城东北45千米,曲石乡小石塘村附近,还有一处毒气泉叫扯雀泉。据说如有飞鸟从这儿低飞过,就会不打自坠,一个个被"扯下来"毒死,所以获得如此恶名。

几十年前,扯雀泉是一个热浪滚滚的温泉,周围云蒸雾罩,后来由于山洪暴发带来的泥沙掩埋住泉眼,才变成今天这样一口以喷气为主的泉。有人认为扯雀泉就是三国时代的柔泉。

经过分析,发现它喷出的气体中,二氧化碳占51%,硫化氢占2.46%,此外,是否还有更毒的气体有待分析。这些气体来自地壳深处的熔岩,沿断裂带涌出地表面。

至今扯雀泉中仍不断冒出一股股酸臭味,毒气使整个塘子的周围和上空都受到污染。泉周围经常能看到一些被熏死的老鼠和鸟类的尸体。考察队员曾将一只活公鸡放入泉坑,鸡马上变得迟钝呆滞,90秒钟后大口喘气,8分钟后毙命。

新中国成立前曾有两头黄牛来这儿吃草,也被毒死。如果人走近扯雀泉,不仅强烈刺激鼻眼,而且立刻感到头晕恶心,手脚无力,呼吸急促。可以预料,如果再待时间长一些,就会"咽喉无暖气,身躯软弱如绵而死"了。

不过,《三国演义》上提到的柔泉,并非温泉,却是其水如冰的冷泉。云南有没有冒出毒气的冷泉呢?看来还需要进一步勘察调研。而且哑泉系胆水之说,也仅是推测,并没有发现具体地点。至于与"黑泉"相类似的"水微清,人若溅之在身,则手足皆黑而死"的泉水,至今没有找到,还是个难解之谜。

美丽多姿的海洋世界

神秘的海洋，像一个个充满问号的谜团，等待着人们去探索、去揭秘。海洋的神奇，不得不让人惊叹。海洋的美丽，也让人陶醉不已。

海洋世界的形成

　　解释海洋的形成，最早抛弃带有迷信色彩传说的是法国人鲍蒙。1852 年，他提出一种假说，地球是从太阳爆炸分裂出来的，最初的地球是一个火球，同太阳一样发热发光。后来热量散失，逐渐冷却，外面便结成一层硬壳，里面继续冷却，根据热胀冷缩的原理，冷缩的部分便有了空隙，在重力作用下，地壳便大规模地下陷，下陷程度极不规则，形成地壳的褶皱。这一假说，把地球比作一个干透的苹果，随着果肉的干缩，果皮就发生皱缩，地球也一样，随着地幔的冷缩外壳发生了皱缩，有的地方凹下，有的地方凸出。地球的内部是熔岩，在重力作用下，不时寻找裂缝涌出来，便引起火山和地震。随着火山从深处进出的熔岩，在地壳上缓缓流动，又把裂缝填平填满。就这样地壳一层一层加厚。地壳的变厚，有力阻止了地球深处熔岩的进出，火山活动也就逐渐减少，地球的表面轮廓也就基本固定下来，高耸的部分便是陆地，低陷的部分便是海洋。

　　这种火球冷缩成海之说，不再是纯粹的想象和神话，而是有着相当程度的科学见解，因而得到许多人的拥护，在 19 世纪下半叶至 20 世纪初期，地质学界一直将它奉为经典。但是，用冷缩说解释山脉的凸起，海洋的形成，并把它比作苹果果肉干缩而发

生褶皱，毕竟有些牵强附会。把复杂问题简单化，初听起来，饶有兴趣；强究起来，则矛盾百出，不合情理，难道 8000 多米高的高峰和 1 万多米深的海底，也是冷缩形成的吗？地壳冷缩固定以后，为什么还有沧海桑田之变？喜马拉雅山为什么可以从海底升起来呢？

鲍蒙提出冷缩说之后的 120 年，美国天文学家霍伊尔，在 1972 年，提出一个完全相反的说法，叫做"新星云假说"，说地球原来是个冷球，是由于放射性元素蜕变生热，才慢慢热起来的。霍伊尔认为，原始的地球上既没有海洋，又没有大气，是一个没有生命的世界。当时的地球是一个温度很低的冷球。后来又怎么变热了呢？那是地球内部的一些放射性物质在蜕变中释放出大量的热，使地球内部的温度逐渐升高，高到竟然把地内物质熔解成了岩浆。冷球变热之后，又由于重力作用，重物质便往下沉，轻物质便上浮。铁、镍等重金属沉入地底，形成地球核心部分。硅酸盐等不轻不重的物质包围在地核外面，形成地幔，地幔的表层便是地壳。水汽、大气则飞向天空，形成厚厚的大气层。

当然，地球内放射物质释放出来的热并不是无限的，它只能越来越少，越来越弱，因此，原来的冷球，发了一阵高烧之后，又得冷却下来，特别是外层冷却最快，终于凝固了，变成了地壳。地球内部冷得很慢，直至今日，仍有上千度的高温，保持着可塑性熔岩状态，由于高温和高压，在深层翻滚对流，有时难免从地壳薄弱处冲出来，形成火山。

地球表面冷却，天空水汽便凝聚成雨，接着便整年整年地下着滂沱大雨，这才使地球上的坑洼地带积满了水，形成大海大洋。这样说来，海洋的形成只能是在地球之后，但至少也有 30 亿年历史了，也许最初大洋大海没有这么多的水，后来，随着火山的活动，地下水的上冒，随着大陆的形成，泉水的流入，大洋大海才逐渐充满了水，才成了这个样子。

众说纷纭，莫衷一是，关于海洋的形成，还有很多说法，各种说法都有一些道理，又都有一些不足，孰是孰非，孰优孰劣，有待进一步考察研究。

1. 分出说

地球上有四大洋，其中最深的要算太平洋，谁能说清太平洋盆的形成，问题就解决一大半。

半个多世纪以前，美国天文学家乔治·达尔文（进化论创始人达尔文的儿子）提出一个十分大胆的说法，叫做"月球分出说"。

乔治·达尔文认为：地球的早期处于半熔融状态，它的自转速度比现在快得多。同时在太阳引力作用下会发生潮汐。如果潮汐的振动周期与地球的固有振动周期相同，便会发生共振现象，使振幅越来越大，最终有可能引起局部破裂，部分物体飞离地球。现在的月亮，就是 20 亿年以前，地球在这种自转中甩出去的小火球，那个小火球的体积相当于地球的 1/6，留下一个大坑，便是太平洋的洋盆，以后注满水，便是今天占整个海洋面积一半的太平洋。

支持乔治·达尔文说法的人，列举很多理由：第一，月球的密度与地球浅部物质密度近似；第二，只有太平洋洋底几乎全是玄武岩，而其他洋底在玄武岩上面还覆盖了花岗石，由此推测，太平洋的花岗岩都飞到月球上去了；第三，月球上没有地球那样的磁场，那是因为地球内核有铁，月亮没有这个内核；第四，人们从珊瑚化石了解到地球自转速度确有愈早愈快的现象，就是说甩出去是可能的。

随着宇航技术的迅速发展，"飞出说"明显出现了许多漏洞。宇航员从月球上带回的土壤砂石跟地球上的并不相同，它并不是由花岗岩组成，太平洋底花岗岩飞到月球上去了纯属无稽之谈。而且月球上也有磁场，说明也有带铁质的熔融核心。另外，经测定，月球和地球具有同一年龄，大约都是 45 亿年前形成的，因此月球是 20 亿年前从地球上太平洋区域分离出去的说法，根本站不住脚。

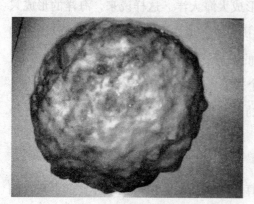

2. 水成说

持这种观点的人认为，早先的地球被混沌水所包围，整个地球都浸泡在水里面，或者说整个地球全是海洋，没有陆地。后来，在这混沌水中逐渐沉积出矿物和岩石，生成原始的花岗岩的地壳，并逐渐发展成为陆地。因为他们把各种矿物和岩石的形成都归结为水中物沉淀的结果，所以这一假说就叫"水成说"。

水成说认为地球上先有海洋后有陆地，陆地产生于海洋之中。这与今天的实际考察结果正好相反，陆地至少有45亿岁，而海洋是在其后10多亿年才出现的。

3. 陨石说

有人认为，大约在两亿年前，一颗比月球还大的地球卫星，从万里之遥坠落下来，其威力之猛，超过几十上百个原子弹。偌大的卫星撞到地面上，不仅冲开了大陆硅铝壳，还穿过了硅镁层，甚至可能深入地幔之中。这样一撞，地球的表面，就会有一个大坑；这样一撞，就会引起地球剧烈膨胀，甚至开裂，地下水冒将出来，流进裂缝坑洼地带，这便形成了海洋。后来，又有人估计撞地球的陨星没有月亮大，半径只有500千米。因为太大了，地球不改变形状也会更换位置，如果地球不按原轨道运行了，那会是什么情景？这太不可思议了。即使半径500千米的陨星撞在地球上，形成的环形坑半径也可达300～7000千米。不过这一假说也不能说全无道理，造成太平洋盆底的巨大凹陷和地壳的破裂、变易的原动力，不就有了着落了吗？但是这毕竟是臆测性的，缺乏足够的科学根据。

4. 沉陷说

持这种观点的人认为，大陆在漫长的岁月中经历了若干次升降运动，时而下沉，为海水淹没，时而上升，露出海面。因此，我们所见到的海洋，只不过是因下沉而被海水淹没的大陆罢了。

这种沧桑之变，前面我们已经写过了。但是用来解释海洋的形成，似乎说得很透，又似乎什么也没有说清。沧桑变化的例子多得很，如美国孤岛海丘1.4亿年前曾是岛屿，后来逐渐下沉，到200万年前完全没入水中。又如离日本120千米的海域里，有一块200千米长、80千米宽的陆地，于2200万年前开始下沉，每一万年下沉一米多，现在已下沉到了2000米深处。又如芬兰岸边的波罗的海海底正在上升，100年前芬兰渔夫在贴水面岸石上刻的标记，待子孙们

去寻找，那标记已经高出水面两米多了。

但是，无论举多少例子，都是个别现象。从某一局部来说，大海变陆地，或陆地变大海，都是千真万确的事实，但由此得出今天的海洋就是过去的陆地这一普遍性结论则是错误的。20 世纪初，人们发现海洋具有完全不同大陆的物质成分，在耸入云霄的喜马拉雅山上，可以找到鱼的化石，茫茫海水之下却很少发现沉陷大陆的踪影，那又怎么简单断言今天的整个海洋就是昔日的陆地呢？

魏格纳的新发现

前面所写的诸种说法，有一点似乎是没有争论的，海洋一经出现在地球上，虽然以后地壳不断有垂直升降运动发生，那也只是改变其局部轮廓，大的变动，特别是大的横向变动不再发生了。到了 20 世纪初期，德国地球物理学家魏格纳（1880—1930）提出了异议。

1910 年的一天，魏格纳望着墙上的一张世界地图出神，无意中发现一个十分奇怪的现象：美洲巴西那块突出的部分与非洲喀麦隆凹陷进去的这一部分，就像一张大纸撕成两边，自然吻合。魏格纳跟哥伦布发现新大陆一样惊呆了。再细看，地球上这块大陆的对岸线似乎都有些情形，这边凸出，那边凹进，这边一墩，那边一湾，这难道是偶然的巧合吗？

一年之后，魏格纳看到一些材料，说明美洲、欧洲、非洲在地质、生物等方面有许多相似之处，他还联想到早年到格陵兰岛考察途中见到巨大冰山漂移的情景。这时，他的一个大胆的假说形成了：地球上的大陆原本都是连在一起的，由于潮汐的摩擦力和地球自转的离心力，把它分裂成几大块，然后向不同的方向漂移开来。美洲离开非洲、欧洲而去，中间就形成了大西洋；印度次大陆与南极洲分离北上，与亚洲撞接，喜马拉雅山便横空出世；亚洲西漂，在东岸留下碎片，成为今天的岛弧线。七大洲四大洋的基本格局才由此形成。

魏格纳按照物种起源的观点"相同的生物种一定起源于同一地区"，找到了有力的论据：大西洋东岸有一种园庭蜗牛，行动迟缓，一天仅能爬个百十米远，人们竟在大西洋西岸的北美洲发现了它。倘若两岸不曾连在一起，凭着蜗牛那点本事，怎么可能乘风破浪，漂洋过海，从东岸跑到西岸去呢？还有一种蚯蚓，广泛分布在欧洲，人们也在大西洋西岸的美国东部发现了它，奇怪的是，美国西部却不见它的踪影。如果这蚯蚓能远涉重洋，由东岸游到西岸，为什么又不能越过连在一起的陆地，从美国东部爬到西部去呢？魏格纳还在南美和南非的石炭二叠纪地层中发现了中龙化石。中龙是生活在淡水里的一种小爬虫，要不是大西洋两岸曾连在一起，它们怎么可能分处两地？难道中龙长期适应咸水里的生活，游过浩瀚无垠的海洋去吗？

更奇怪的是大西洋东、西两岸都广泛分布着舌羊齿化石，舌羊齿是一种植物，没有翅翼飞翔，没有四脚爬行，如果两岸不曾连在一起，这种现象又怎么解释呢？

大西洋两岸不仅有相同的物种，而且地层也自然衔接，非洲南端的开普山脉，恰好与南美的布宜诺斯艾利斯山脉相连，同属二叠纪的褶皱山系。不仅地质构造相同，而且岩层的成分与年龄也完全一样。另外，巨大的非洲片麻岩高原所含的火成岩和沉积岩，其褶皱伸延方向，与巴西的片麻岩高原的情形几乎一致；欧洲的挪威、苏格兰古代褶皱山系，又与大西洋彼岸阿巴拉契亚褶皱山系北段相衔接。

年仅 32 岁的魏格纳用无数客观事实最有

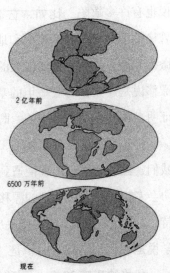

2 亿年前

6500 万年前

现在

力地论证了他的大陆漂移学说，于1915年发表了《海陆的起源》一书，正式宣告大陆漂移学说的诞生。

大陆漂移学说发表之后，引起了强烈的反响，有着极其重大的意义。第一，它否定了旧传统的地壳运动观点。那时的地质学家承认地壳的垂直运动，"地壳上升，则为高山和丘陵；地壳下沉，则为深谷和海洋"，魏格纳则认为，除了垂直运动外，还有"水平位移"运动。不仅过去如此，今天亦然如此。据测量，美洲与欧洲的距离，现在仍继续在扩大，红海这个大陆内湾，至今仍逐年在加宽。第二，对长期无法解释的古气候问题，能作出合乎逻辑的解释。长期以来，人们对在两极地区发现热带沙漠的征兆，在赤道森林中发现冰川覆盖的遗迹，大惑不解。按照魏格纳的大陆漂移学说不费吹灰之力就说清了。既然三亿年前南美、南非、澳大利亚、印度次大陆都是连在一起的，它们那时又正是处在冰川覆盖的南极地区，现在发现赤道森林中有冰川遗迹，又有什么可奇怪的呢？既然连在一起的大陆，后来才分离开来，漂浮位移，各自东西。那么原来处在温带热带地区，后来漂移到了南极，现在发现它的海底有煤层，有热带植物化石，又有什么可奇怪的呢？

然而，正如一切新的学说诞生，开始总有其不完善的地方一样，大陆漂移说也有许多缺陷。比如，它不能令人信服地解释是什么力量使大陆发生漂移。魏格纳说是潮汐的摩擦力和地球自转的离心力。但经理论物理计算，这种力量微乎其微，怎么可能使偌大的"泛大陆"分裂漂浮各散四方。又比如魏格纳的漂移说是建立在海底平坦的基点上的，海底不平坦，大陆就无法漂移。可事实证明，海底是高低不平的，既有万丈深壑，又有突兀危峰。

由于学说本身存在缺陷，更由于触犯了那些持"固定论"观点的地质学权威们，因此学说一出现便遭到许多人的激烈反对。1926年11月，美国石油地质协会专门讨论了魏格纳的漂移说，会上14名最有权威的地质学家，只有5人支持，2人保留意见，7人坚决反对。有人甚至对魏格纳进行人身攻击，讥讽这个学说是"魏格纳狂想曲"是"大诗人的梦""应该扔进垃圾桶里去"。

魏格纳死后30年，漂移说又复活了。复活的原因首先得益于古地磁的研究。20世纪初，科学家发现有的地方岩石里的磁极和现代地球上的磁极方向并不一致，甚至完全相反。这是什么缘故呢？原来那些岩石是被古代地球磁场的磁性磁化过的，它代表着古代地球磁场的方向。随着大陆漂移，位置更换，古地磁方向这才与现代磁极方向不一致。人们把20亿年中所经历的地球磁极相对于地理北极的位置标示出来，并用一根曲线把这些点连接起来，按理地球上只应有一条迁移曲线，但美洲和欧洲各测得一根迁移曲线，它们形状相似，但不重合。然而如果把北美大陆和欧亚大陆靠拢，这两根曲线就完全重合了。这便有力地证明了欧、亚、美大陆原来本是连在一起的。

其次，从大陆拼接情况找到了根据。1965年美国科学家布拉德电子计算机，根据测绘的海深图，以海深1000米的大陆边沿为准，将南美与非洲拼接起来，吻合误差只有88千米。用同样的方法拼接其他大陆平均误差也只有130千米左右，这更雄辩地证明魏格纳所说的"泛大陆"的存在，现在分离开来的各大洲都是"泛大陆"的一部分。

另外，还有一个有趣的现象，有一种海鸟每年春天从南极飞往北极圈，飞行路线是弯弯曲曲的，如果把大陆拼在一起，那飞行路线，正好是一条从南到北的直线。最后剩下的一个关键问题，大陆漂移的动力是什么？1960年，美国地质学家赫斯认为，地幔中熔融物质可能会向上涌动，小的涌动便是火山爆发，大的涌动有可能把地幔顶推向一边，涌出来的熔融物质在那里冷却凝固，这样，海底就被扯裂开来了。由于海底的扩张，各大陆也就被推开了。

至此，大陆漂移说作为最有科学依据的理论在地质科学殿堂上重现光彩，魏格纳也作为"地球科学史上的哥白尼"而载入史册。

海底扩张和板块学说

　　魏格纳的漂移说，给后人的启示极大，实际上为板块理论打下了基础。可惜魏格纳还没有来得及对漂移的动力机制作出符合解释就去世了。但科学总是向前发展的，美国地质学家赫斯和迪茨，根据英国霍姆斯"大陆是被动地在地幔对流体上漂移"的论述，提出了"海底扩张说"，把魏格纳的大陆漂移学说推到一个新阶段。

　　大家知道，我们的地球分三层，表层叫地壳，平均深度有40千米，中层叫地幔，有2900千米，占了地球质量的68.1%。里层叫地核，最厚，有3071千米，但只占地球质量的20%左右。整个地球就像一个鸡蛋一样，地壳相当蛋壳，地幔好比蛋白，地核就是蛋黄。地幔由硅镁物质组成，温度很高，压力极大，地幔物质处于熔融状态，就像沸腾的钢水，不断翻滚、对流。当地壳的某一部分受不住地幔的压力时，熔融物质不断上涌，地壳便不断增厚，再往上升，在陆地上就形成横亘的山脉，在海洋中就形成高耸的海岭。大洋中脊的出现和大洋底盆的更新，都是地幔对流，熔融物上涌的结果。据此，赫斯和迪茨得出结论：由于地幔对流，熔融物上涌，洋底以中脊为轴，不断向两侧扩张，洋盆逐渐扩大，从而提出海底扩张学说。洋底在扩张的过程中，其边缘遇到强大的阻力，扩张便受到阻碍，这时地壳的一部分，钻入地幔之中而被地幔熔化、吸收，形成很深的海沟。又由于挤压的作用，海沟向大陆一侧会顶翘起来，成为岛弧，使海沟与岛弧形影相随。这种奇妙现象，从发生发展到结束，大约需要两亿年。这就不难理解，为什么至少有30亿年历史的大洋，洋底却总是那么年轻，总难找到超过两亿年的古老岩石。

1968年法国人勒皮雄把"海底扩张学说"发展成为"板块构造学说"。板块学说和大陆漂移学说都认为地球表层是漂移着的，但它们的机制并不相同，后者认为是硅铝层在硅镁层上漂浮，而前者则认为岩石圈在地幔软流圈上漂浮。

什么叫岩石圈呢？原来地幔上还有一层物质结构，跟地壳一样坚硬，它的厚度（包括地壳在内）有75～100千米，这个区域就叫岩石圈。岩石圈下面才是软流圈，软流圈下面又变得十分坚硬，叫做"中圈"，中圈之下才是地核。因此大陆漂移并不像魏格纳所说的那样是硅铝层漂浮在硅镁层上，也不像海底扩张学说所说，坚硬的地壳驮在整个地幔对流体上，被动地缓缓漂移，而是岩石圈漂浮在软流圈的对流体上，无论大陆或洋底都随着岩石圈的漂移而漂移。

勒皮雄把整个地球的岩石圈分为六大块：太平洋板块、印度洋板块、亚欧板块、非洲板块、美洲板块和南极洲板块。由于这几块岩石圈的面积大得很，而厚度只有75～100千米，很像几块板子故称板块。这六大板块，并无海洋陆地之分，非洲板块既包括非洲大陆也包括它东面印度洋的一部分和西面的大西洋一部分；美洲板块既有绝大部分美洲在内，也有大半个大西洋在内。这六大板块有的相背而行，两板分离界线便是大洋中脊，那里经常出现地震、中央裂谷等过去无法解释的怪现象。有的相向而行，地壳因而产生褶皱，地层隆起，连绵不断的高山便出现了。亚欧板块与印度板块相向运动，喜马拉雅山便拔地而起，成了世界屋脊。

板块学说不仅能解释陆地山脉的形成，而且能解释整个陆地上的海洋里的各种地质现象。它彻底打破了海陆固定不变的传统地质观念，使地球科学理论发生了根本性变化，因此，从大陆漂移说到海底扩张进而到板块学说兴起，人们称这是地球科学上的革命。

想象中的人类海底家园

这里的四位青年科学家每天早上醒来，就看见阳光穿过穿梭来往的银灰色针鱼群射下来，闪烁不定。从塑胶圆窗孔望出去，见到黄色的鲷鱼在环绕他们那座海底屋的活珊瑚花园中觅食。吃过早餐后，背上潜水器从防鲨廊出去，进入安全潜游水域，与鲐鱼、琥珀鱼、青蓝的鲟鱼、带各种鲜艳彩纹的雀鲷等邻居一同嬉水。

从1969年2月15日到4月15日，这4位美国科学家在海底生活工作，前后共60天，一直没有浮出水面。这些"海洋人"是在进行一项海底生活实验，叫作"玻陨石一号"。这项实验据以取名的玻陨石，是在地球上发现的一种像玻璃的卵石，据说是陨星撞月球爆炸后，飞到地球来的碎片。玻陨石计划原是美国太空研究计划的一部分，和有些来历不明的太空物体会落在地球上的情形一样，玻陨石一号潜入了大海。

玻陨石研究计划的海底屋，沉入维尔京群岛中圣约翰岛外的莱姆舒湾内。

几位科学家住的是一所牢固的小型复式房屋，在约50英尺（1英尺=0.304 8米）深的乳青色海水下，坐落离岸几百英尺的沙地上。围绕海底屋的6英尺珊瑚墙，长满了茂密的海洋生物，如扇形珊瑚、柳珊瑚、鲜艳的海绵

等，构成一座海底石山花园。墙外还有更多珊瑚礁，不少高达 15 英尺。几位科学家穿上蛙鞋拨水，潜过这些礁脊，便可以探索研究这片斜向海湾深处的平坡。

他们的海底屋是两个充满空气的圆筒形钢箱，各高 18 英尺，由一条爬行通道连接。承托钢箱的底座，用 87 吨铅镇在海底。整座房子漆成白色，引来不少海鱼不分日夜游到圆形窗口来窥望。

每个钢箱有 2 个房间。下层一个房间布置得很舒适，铺上地毯。四人在这里睡觉、吃喝、阅读、听音乐。上层一个房间算是桥楼，放满通信装置和实验设备。另一个房间摆着变压器和调节空气系统的压缩机，还有个保存食物的冷藏柜（吃的主要是冷冻食品，但也有新鲜果菜，放在密封的容器中从水面用绳索吊下来）。第四个房间是"湿室"，有个垂直的升降口直通出海去。房间里存放着水肺装备和潜水衣，科学家每次出海潜泳回来，也在这里用淡水冲洗身体，换干衣服。

海洋人居所与支援实验的驳船之间，有一条很粗的"脐带"相连，那是一束软管和电线。顺着脐带把淡水、空气、电力送到下边，保持通信联络。

玻陨石实验组的组长是美国渔业局的海洋学家沃勒。组员有曼根与范德沃克，两人都是渔业局的生物学家；还有克利夫顿博士，是美国地质调查局的地质学家。4 位年龄都是 30 多岁。

研究计划是美国海军部、内政部、国家航空暨太空总署，与通用电器公司联合主办。海底屋由通用电器公司设计建造，屋里设备也由该公司供应。这个计划的主要目的，是为将来的水底实验室研究计划制订一些指标。美国太空总署想借此观察长期关闭在细小而与外界半隔绝的居所中，人的行为有什么异状，以作长期太空旅行的重要资料。

玻陨石一号的实验获得很多"饱和潜水"的知识。人在海中潜水，吸入了加压的空气或混合气体后，不论时间长短，都会使血液和身体组织饱含这些吸入的气体。压力越大吸收的气体越多。若潜到 150 英尺深处，使用氮和氧的混合气体（普通空气）对潜水人无害。更深而压力更大时，氮便有剧毒；中氮毒的初步征象是进入麻醉状态，称"氮麻醉"。由于这座海底屋位于海底约50英尺深处，气压为大气压两倍半的普通空气仍可作呼吸之用。

居住在海底的好处是，各人只需（住满两个月后）"脱饱和"一次，不必每次潜游后都做一次。这是由于他们居住的海底屋空气的压力，保持与周围海水的压力相同。两个月后，脱饱和的过程是要海洋人在减压室中住上差不多一整天，慢慢恢复正常的大气压力。减压太快，溶在血中的压缩气体就会很快从溶解状态汽化而"起泡"，引起痛楚甚至往往引起致命的病症，称为肢腹痛或潜水员病。

说来奇怪，这四位科学家呼吸着比正常空气重一倍多的气体，每天 24 小时，前后两月之久，竟不觉吃力。玻陨石研究计划的医事组组长兰伯特森医生说："玻陨石计划中各种生物医学试验所得的重要结论是，各人在水底生活时，肺部、心脏、神经系统等都无重大变化。"

海洋人每天自己检查身体——脉搏、血压、心电图等。夜里有电极记录他们的脑波，看看他们睡得好不好。同时，水面上的支援驳船上，一群医生和

"行为监视者"坐在一大排闭路电视荧光屏与扩音器之前，昼夜不停地监视他们（在日后各次玻陨石研究中，约有40位海洋人体验过海底生活，虽然其中一些受不了孤处海底与外界隔离的心理压力，但都没有显著的生理问题发生。海洋人进行实验时也曾出过一件惨事，那就是 1969 年 2

月，"海洋实验室三号"的海洋人坎农在加州海边大陆架600英尺深处，中二氧化碳毒身亡）。

玻陨石的科学家做了各种观察和实验。举例来说，莱姆舒湾的海底沉积多是分解了的珊瑚和甲壳类动物遗骸。科学家就在仔细画出方格子的图纸上研究沉积层的形成。依海洋人兼地质学家克利夫顿说，人们已知珊瑚礁产石油，也可能是石油蕴藏所在，所以在大陆架上进行研究工作的海洋人，也许有一天能有助于提供找寻石油与其他矿产的线索。

将来，养鱼和海产养殖工作，如种植昆布、海草等海底植物，都会需要不少人在海中生活。因此，玻陨石的科学家研究海洋生物的习性，还对该地区的海洋物做了普遍的调查。

海洋人数出了好几十种鱼，最小的是2英寸（1英寸≈2.5厘米）长的鲑，最大的是12英尺的鲨。有时这些有鳍的朋友会动粗。生物学家曼根讲述有一回在一个珊瑚礁脊之处遇到一群20多尾琥珀鲕，每尾都有二三十磅（1磅≈0.45千克）重。"它们一大队在黑暗中向我们游来，"他说，"队形那么紧密，就像是一条硕大无比的大鱼。"他的同事海洋学家沃勒补充说："我猜它们是在表示该地是它们的领域，因为它们向我们的肩背各部位乱撞，要我们离开。最后我们遵命离去。"

那个海湾的海底设了5个小站，在遭遇巨鲨袭击时可以藏身。小站都是笼子模样的小亭，有塑胶圆顶，还有一瓶备用的空气和通往海底屋的电话。为了安全，离开居所时都二人同游。还有更好的安全措施，由支援的潜水人坐小船在海面上巡回，循着海洋人呼吸器喷出的成串气泡跟踪他们。

最积极的研究计划之一，是由范德沃克主持追踪龙虾。这是一种食用甲壳类动物。维尔京群岛的龙虾，因当地龙虾尾的销路好，近年来产量下降。海洋人捕到140只，把大多数都拴上标识，有些虾身上更绑上拇指大小的声呐发送机，这样可以追踪每一只在实验居所附近游动的龙虾。

范德沃克由声呐追踪装置获悉，龙虾是在夜间活动的。它们在夜里到生满绿藻的浅海沙底上，大概是找寻贻贝、蛤和未长成的大海螺；日间则多半躲在

珊瑚中藏身，那里是它们的"旅舍"。但还有许多龙虾，日间在离研究人员住所千尺的外海岩穴中过活，可能是为了躲避鲨和别的天敌。

有什么实用的结论呢？"我以为这一带的珊瑚礁可以养活更多的龙虾，"范德沃克说，"在这里不妨设一个孵化场，多养殖些小龙虾。也许可以用低频声音的信号把鲨引离龙虾场，把它们杀死。"

玻陨石计划的研究对象中，有另一珊瑚住客是一种奇怪的"珊瑚虾"。这种约半寸长的浅蓝色小虾栖居在海葵的毒须之间。"它们摇动触须，吸引来往鱼儿的注意，"曼根说，"鱼游来了，小虾便跃上鱼身，啄食外面的寄生物。它们洁净了鱼的鳞、鳍、鳃，甚至鱼身上创口的腐肉。"这种小虾显然不怕海葵螫，制药业的人会对它有兴趣。说不定小虾不怕螫的秘密，会使人研究出一种有医学价值的化学物品。

自从这回首次实验以后，在1970年以后还有另外5次海底生活实验，由400多名科学家探究海中生活都的情形。地点分别在波多黎各、大巴哈马群岛、马萨诸塞州格洛斯特、波罗的海、圣克罗斯岛等地的海中。在人口过分拥挤的世界，谋求食料、矿藏、药物等新资源的需要越来越迫切。玻陨石计划的成就，已证明在世上各处大陆架上浅水地区进行广泛勘探是切实可行的。

神乎其神的大西洲

世界文明史上最大的谜，是关于大西洲的。

公元前4世纪，柏拉图在他的两本对话集《蒂迈乌斯篇》和《克里提亚斯篇》里，描绘了一个有关大西洲的故事：远在古代，海峡彼岸有岛，岛名叫亚寺提斯。

海神波塞冬把它赐给了大儿子大西，大西在岛上建起了大西国。于是，人们便把这个岛屿称作大西洲，把周围的海叫作大西洋。

一夜沉没的大西洲

柏拉图在书中描述，大西洲是一座副热带岛屿，方圆 39.88 万平方千米，人口估计有 2000 万。岛的北部，崇山峻岭绵延不断，形成一座天然屏障。在公元前 1.2 万年左右，大西国到了鼎盛时期，当时政通人和，风调雨顺，很快成了文明世界的中心。

柏拉图还对岛国的风土作了进一步的描绘，大西洲面积比小亚细亚和利比亚之和还大。那里土地肥沃、矿产丰富，人们会冶炼、耕作、建筑。那里道路四通八达，运河纵横交错，贸易往来十分发达。为了攫取更多的财富，他们四处扩张，有强大的船队，曾经征服了包括埃及在内的地中海沿岸大片区域。不料，灾难降临了。

大西洲遇到了飞来横祸，一场毁灭性的地震和随之铺天盖地而来的海啸，使整个大西洲载着都市、寺院、道路、运河及全体国民，在一夜之间沉陷海底，消失得无影无踪。

历史上真的有这么一个大西洲吗？那么它又是怎样神秘

失踪的呢？柏拉图去世300年以后，另一位希腊学者德拉托尔偶然发现了一块石碑，碑上清清楚楚地记述了大西洲上发生的一切，这似乎证明柏拉图听说的并非空穴来风。可是，谁又能证明，柏拉图所描写的都是事实呢？

海底的发现

2000多年来，柏拉图的叙述一直吸引人们去努力探索大西洲的秘密。人们一直想弄明白，世界上存在过大西洲吗？究竟是什么力量使得大西洲在一夜之间沉入海底的？

世界上存在过大西洲吗？

对于这一点，一些科学家坚信不疑。

1882年，美国科学家依内提乌斯·唐纳利在一本名叫《大西洲：大洪水前的世界》的书中写道，大西洲确实存在，它是大西洋上的一个海岛，是世界文明的最早发祥地。

唐纳利对欧洲和美洲的动植物以及化石做了大量比较，发现在大西洋两岸均出现了骆驼、穴熊、猛犸和麝牛的化石；埃及的金字塔和墨西哥、秘鲁的金字塔极其相似；西班牙的巴斯克人和南美的玛雅人都是鹰钩鼻，而且所使用的松土泥锹也一模一样……凡此种种，说明了世界上曾经有过一个联系欧洲、美洲和非洲的大陆。

继唐纳利之后，不少科学家也得出了与之相同的结论。比如，科学家在考察了欧洲鳗鱼的洄游习惯以后，发现欧洲鳗鱼在洄游时从马尾藻海出发，远涉重洋到欧洲，然后再重返马尾藻海产卵繁殖。鳗鱼为什么要辛辛苦苦兜那么大一个圈子，然后回到出发地点再产卵呢？科学家解释，这是因为当时大西洲离马尾藻海最近，岛上的淡水河流为鳗鱼提供了免遭敌害袭击的场所，于是它们纷纷游到岛上去避难。天长日久，形成习惯。当大西洲沉没之后，鳗鱼仍像往常一样顺着墨西哥湾去寻找大西洲，不知不觉却游到了欧洲。

1898 年，人们在铺设欧、美海底电缆时，又在亚速尔群岛周围海域发现了一块海底高地，高地的大小、形状都十分像柏拉图笔下的大西洲。勘探人员取出了一些岩石，送到科研中心鉴定，证明这一带海域 10 000 年之前确实是一片陆地。

1968 年，人们在巴哈马一带海域的水面下发现了 1600 米长的城墙和底边300 米、高 200 米的金字塔。1974 年，苏联的一艘海洋考察船又在这一带拍摄到许多海底照片。照片上清晰显示有许多古代建筑的断墙残垣以及从墙缝中长出的海藻。

这一切都似乎证实了大西洲的真实存在。如果，真的存在大西洲，那又是什么力量使之一夜沉没呢？

毁灭的原因

美国学者唐纳利同意柏拉图的观点，他认为是由于地震、火山爆发和铺天而来的海啸吞没了这块大陆。

一位叫邱奇沃德的学者则认为，大西洲的沉没是地球气体的作用。他说，地球内部有无数蜂巢状空穴，空穴里充满极易爆炸的火山气体。当火山气体逐渐进入大气，地壳变得很薄，最后塌了下去。大西洲就是这样塌陷下去的。

在各种设想中，德国科学家奥托·麦克的小行星毁灭学说最引人注目。1930年，科学家们发现在南卡罗来纳州的地面上有3000多个圆形或椭圆形的洞口，这些洞口似乎来自天空某种袭击留下的痕迹。接着，又在波多黎各附近的海底，发现了两个深达10 000米，方圆72万平方千米的凹陷地带。鉴于此，麦克提出了他的学说：大约10 000年以前，一颗直径约为10千米的小行星突然脱离了自己的运行轨道。它以雷霆万钧之势扑向地球，在到达离地面400千米的空中时，小行星开始燃烧，拖着三四十千米长的火焰继续朝地球冲来。不到两分钟的时间，一声惊天动地的巨响，小行星被炸成许多碎片，两块重达上万亿

吨的大碎片，把大西洋撞出两个大坑，形成了波多黎各海底的那两个凹陷地带，别的碎片则把这一带的地面撞得千疮百孔，引起了火山爆发、地震和海啸，不到一昼夜，大西洲沉入了海底。海面上只露出熔岩覆盖的火

山堆，它们就是今天的亚速尔群岛和巴哈马群岛。

尽管设想众多，也还有不少人对大西洲的存在持否定态度。他们指出既然柏拉图提到大西洲当时已经具有高度文明，已经懂得使用金、银、铜制品，那为什么到目前为止，考古学家仍然没有找到这方面的证据。还有，如果大西洲的确存在，那么一些商品比如陶器、大理石雕刻、戒指和其他装饰品必然会随商品贸易散落到邻近地区，可人们至今尚未找到大西洲的任何遗物。而且根据大陆漂移说，现有的大陆都能巧妙地吻合接在一起，拼完之后，就没有大西洲的立足之地了。

关于大西洲的争论，不管结果如何，至少有一点可以肯定，那就是人类对未知事物的这种执著的探索追求精神，是永远值得提倡的。

海底的力量——海洋大漩涡

在埃德加·爱伦坡的短篇小说《卷入大漩涡》中，描述过挪威海岸一个悬崖边的强大的漩涡。书中是这样说的，漩涡的边缘是一个巨大的发出微光的飞沫带，但是并没有一个飞沫滑入恐怖的巨大漏斗的口中，这个巨大漏斗的内部在目力所及的范围内，是一个光滑的、闪光的黑玉色水墙，这个巨大的水墙以大约45°向地平线倾斜，它在飞速地旋转，速度快得使人感到目眩，并不停地摇摆，在空气中发出一种惊骇的声响，这种声响半是尖叫，半是咆哮。

澳大利亚的海洋学家宣布，他们发现了一个如同爱伦坡在小说中所描写得那样一个巨大冷水漩涡，只是没有书中描写得那样陡峭或移动得那么快。除此之外，几乎没有什么两样。这个旋风位于距悉尼96千米处，直径长达200千

117

米，深1千米。它正在剧烈旋转，产生的巨大能量将海平面几乎削低了1米，改变了这个地区主要的洋流结构，它携带的水量超过了250条世界第一大河——亚马孙河的水量！

澳大利亚联邦科学与工业研究组织称，这个漩涡的力量非常大，它所携带的能量将电影《海底总动员》中时常出现的那种主要洋流推向更远的海域，幸运的是，到目前为止这个剧烈的漩涡还没有影响到船运。

暴风不太可能产生这样的影响，但科学家需要迫切地知道接下来会发生什么，因为在漩涡的背后是一种洋流紊乱现象，这是当代最难以解答的科学难题之一。伟大的量子物理学家沃纳海森堡说："临终前，当躺在床榻上，我会向上帝提两个问题：为什么会出现相对性和为什么会出现洋流紊乱？我认为上帝或许会为第一个问题给出答案。"

在全世界都会看到海洋漩涡的身影，在自然界中它们是一种正常现象。当不同的水流相遇时便会产生漩涡，和它们的近亲空气漩涡以及太阳与风的共同作用，这些海洋漩涡在影响天气的过程中扮演了异常重要的角色。它们将一个天气系统中的能量转移到另一个天气系统中。

海洋漩涡主要受海洋的涨潮和退潮控制，此外，它们还遵从一些数学规则，但并非所有的规则。科学家对这些海洋漩涡只能进行部分预测，它们是剧烈混乱产生的现象，但也展示出具有某种结构、节奏以及其他与秩序有关的特征。海洋漩涡从不会重复自己，所以对它们的行为进行统计无法完全解决问题。当年，美国人想把40年英吉利海峡的天气数据平均一下，用这种方法预测诺曼底登陆那天的天气情况，结果犯了大错。最后还是英国和挪威的预测专家利用取样预测法拯救了他们。

海洋漩涡虽然不能被形容为自然界中的一个反复无常的奇异现象，但像悉尼附近海域这么巨大的海洋漩涡，在不可预见的天气事件中尤其是在"厄尔尼诺"反常气候现象中，在秘鲁的大雨到堪萨斯的干旱中都扮演着非常重要的角色。

海洋漩涡是不同来源的水流交汇导致的，这些水流有各自不同的温度和流速。当不同的水流撞击在一起时会产生不可预见的后果。这种不可预知性与二氧化碳和甲烷气体的排放导致的不稳定性有关，这种不稳定性反过来导致了更加无法预测的水流的混合。收集到其中所有的变量并进行数学计算令科学家大费脑筋，他们正在努力弄清的一件事情是，如何理解海洋漩涡中一致和非一致运动之间的关系。这个关系是如何预测漩涡中的一个关键性因素。

悉尼海洋大漩涡令人困惑的是，它在不断改变。当你从一个视角或在一个特定的时间段观察时，它似乎很平静，但当从另一个地方或其他时间观察时它又会变得非常狂暴。如果在它上面航行时，水面看起来似乎很平静，但却会使巨轮发生晃动。悉尼海洋大漩涡可能很快会丧失它的能量，巨大的海洋漩涡通常会持续大约一周时间，但有一些可能会持续一个月之久。它们不会停息下来，而是通过将小漩涡吸入它们之中使能量发生转移。

科学家说，能量不断上下发生运动，就好像一个不断旋转的楼梯。水和空气中的漩涡中存在分子的混乱运动，这样的运动一直延伸到大气的边缘，在星际空间的流动中也存在这种神秘的混沌运动。科学家已经在恒星的尾迹中发现了漩涡的存在，自从卫星时代以来才真正有可能对漩涡进行全面的观察，为此所要做的就是要综合研究不同的信息。

这也是为什么那些关心股票市场上巨大资金流动的人会紧密追随与漩涡有关的科学。

神秘海域事故频发，争议不休

1969 年 7 月 30 日，西班牙各家报纸都刊登了一条消息，国内一架"信天翁"式飞机于 29 日 15 时 50 分左右在阿尔沃兰海域失踪。

人们得到消息后，立即到位于直布罗陀海峡与阿尔梅里亚之间的阿尔沃兰进行搜索。由于那架飞机上的乘员都是西班牙海军的中级军官（上校和中校），所以军事当局相当重视，动用了 10 余架飞机和 4 艘水面舰船。当人们搜寻了很大一片海域后，只找到了失踪飞机上的两把座椅，其余的什么也没发现。

在这次事故发生前两个月，即同年的 5 月 15 日，另一架"信天翁"式飞机也在同一海域莫名其妙地消失了。

那次事故发生在 18 点左右，机上有 8 名乘务员。据目击者说，那架飞机当时飞行高度很低，驾驶员可能是想强行进行水上降落而未成功。机长麦克金莱上尉侥幸还活着，他当即被送往医院抢救。尽管伤势并不重，但他根本说不清飞机出事的原因。

人们还在离海岸大约一里的出事地点附近打捞起两名机组人员的尸体。后来几艘军舰和潜水员又仔细搜寻了几天，另外 5 人却始终没找到。

据非官方透露的消息说，那次飞行本来是派一位名叫博阿多的空军上尉担任机长的，临起飞才决定换上麦克金莱。这样，博阿多有幸躲过了那次灾难。

然而好运并没能一直照顾他。时隔两个月，已被获准休假的博阿多再次被派去担任"信天翁"式飞机的机长。这次，他没有回来。

这一事实促使人们得出结论，这是两起一模一样的飞机遇难事故——两架相同类型的飞机，从同一机场起飞，由同一个机长（博阿多）驾驶，去执行同一项反潜警戒任务，在同一片海域遇上了相同的灾难。但谁也无法解释，失踪的"信天翁"式飞机发回的最后呼叫"我们正朝巨大的太阳飞去"，究竟意味着什么。

西地中海"死亡三角区"的三个顶点，分别是比利牛斯的卡尼古山，摩洛哥、埃尔及利亚、毛里塔尼亚共同接壤的延杜夫，再加上加那利群岛。在这片多灾多难的海域，不断发生着飞机遇难和失踪事件。

1975年7月11日上午10点30分，西班牙空军学院的4架"萨埃塔式"飞机正在进行集结队形的训练飞行。突然一道闪光掠过，紧接着，4架飞机一起向海面栽了下去。

附近的军舰、渔船以及潜水员们都参加了营救遇难者和打捞飞机的行动。他们很快就找到了5名机组人员的尸体。但是这4架刚刚起飞几分钟的飞机为什么要齐心合力朝大海扑去呢？西班牙军事当局对此没有作任何解释，报界的说法是"原因不明"。

有人做过统计，从1945年第二次世界大战结束到1969年的20多年和平时期中，地图的这个小点上竟发生过11起空难，229人丧生。飞行员们都十分害怕从这里飞过。他们说，每当飞机经过这里时，机上的仪表和无线电都会受到奇怪的干扰，甚至定位系统也常出毛病，以致搞不清自己所处的方位。这大概就是他们把这里称作"飞机墓地"的原因吧。

如果说飞机失事是固定位系统失灵，导致迷航造成的，那么对货轮来说，就令人费解了。因为任何一位船员都知道，太阳是可以用来做确定方向的参照物。

西地中海面积并不大，与大西洋相比，气候条件也算是够优越的。然而，在这片海域失事的船只一点也不比飞机的数量少。

这里发生的最早一起船只遇难事件是在1964年7月，一艘名为"马埃纳"号的渔船不幸遇难，有16名渔民丧生。此事相当奇特，引起了人们各种各样的猜测。但8月8日，西班牙报纸刊登这则消息时却说："没有一个合情合理的解释。"

事情经过是这样的：7月26日22点30分，特纳里岛的一个海岸电台收到从一艘船上发来的一个含糊不清的"SOS"呼救信号。但它既没有报出自己的船名，也未说出所在的方位。23点整，该电台又收到一个相同的告急信号，之后就什么也听不到了。

第二天上午10点45分，海岸电台收到另一只渔船发来的电报，说他们在距离博哈多尔角以北几里的地方发现了7具穿着救生衣的尸体。有人认出他们是"马埃纳"号上的船员。电文还说，7具尸体旁边还浮着一只空油桶和6个西瓜，此外什么都没发现。

为了寻找可能的生还者，海岸电台告知那片海域上的船只，让他们也沿着前一只渔船的航线航行。过了一天，一艘渔轮报告说找到了3具穿救生衣的尸体。几十只船在这里又整整搜寻了3天，均一无所获。后来在非洲海边的沙滩上又发现了两个人的尸体。这样一共找到了12个人，其余4人始终没有下落。

事后人们提出了许多疑问，比如：在相隔半小时的两次呼救信号中，"马埃纳"号的船员怎么没能逃生？他们为什么两次都不报出自己的船名和方位？也许那些穿着救生衣的人是被淹死的，可遇难地点离海岸只有500米，为什么船上那些水性娴熟的船员竟连一个也没能游到岸边？

还有人推测说他们是饿死的。但是这似乎站不住脚，因为最先被捞上来的那7名船员在海里顶多待了9个小时，这么短的时间，一般是不大可能饿死人的。还有一种认为船上发生过爆炸事故的假设也可以推翻，因为捞上来的尸体完全没有伤痕。

任凭人们如何猜测，制造了这场灾难的大海一直保持着沉默。

地中海7月份的气候总是风和日丽。1972年7月26日上午，"普拉亚·罗克塔"号货轮从巴塞罗那朝米诺卡岛方向行驶。到了下午，不知怎么回事，这艘货轮掉转船头驶到原航线的右边去了。原来船上的导航仪奇怪地受到了干扰，并且船长和所有的船员没有一个人能够辨明方向。出发时船长曾估计，他们在第二天上午 10 点左右即可抵达目的地。但次日凌晨 5 时，"普拉亚·罗克塔"号遇上的几名渔民却说，这里离他们要去的米诺卡岛足有几百里。

很难设想，在这段时间里，这艘货轮上所有的人都丧失了理智或喝醉了酒，以致连辨认方向的能力都没有了。这又是一起没人说得清楚的海上事故。

在地中海的土伦湾海域，从 1964 年到 1990 年的 25 年里，有 6 艘潜艇失去了踪迹。而这段时间全世界其他地方发生的潜艇遇难事件加在一起，也不过 11 起。相比较而言，这里潜艇遇难的比例数委实太高了。在这方面，获"金牌"的非法国莫属——6 艘遇难潜艇中有 4 艘是法国的。

1968 年 1 月 20 日，乘有 52 名艇员的法国潜艇"密涅瓦"号在土伦海域不见了。由于这里的海底有许多深沟，被认为是试验深潜器性能的好地方，它是被派往该地进行这种试验的。

消息传来，法国军方当即派出 30 艘装有先进声呐仪的海军舰只前往出事地点进行搜寻，一些侦察飞机和救生机也出动了。美国一艘专门用于海底搜寻工作的船只"海燕"号，应法国政府的请求，随后前来协助。两天前"海燕"号正在寻找在这同一片海域里失踪的以色列潜艇"达喀尔"号，因工作毫无进展，便投入了新的一轮搜寻。

最后一切希望全都破灭了。"密涅瓦"号和"达喀尔"号一样，永远地从地球上消失了。

人们又开始为解释两天内连续发生的两起失踪事件提供假设了。不过所有假设都很快被法国军方和专家们否定了。法国海军一位发言人说："那种认为它们遭到同一个敌人进攻的假设，就像它们失踪本身一样神秘，异想天开。"专家们则坚定地认为，两艘潜艇在两天内连续失踪纯属偶然巧合。它们的失踪既不是海底某些奇异现象造成的，也不是西西里岛地震的缘故（当时西西里岛根本没有任何地震活动）。最有意味的是法国国防部一位发言人的话："种种迹象使人们可以肯定地认为，潜艇是遇难了。"

一半是海水，一半是火焰

　　1975 年 9 月 12 日傍晚，江苏省近海朗家沙一带海面上发出微微的光亮，随着波浪的起伏跳跃，像燃烧的火焰那样翻腾不息，一直到天亮才逐渐消失。第二天傍晚，亮光再现，亮度更强。到第七天，海面上涌现出很多泡沫，当渔船驶过时，激起的水流明亮异常，水中还有珍珠般闪闪发光的颗粒。几小时以后，这里发生了一次地震。

　　这种海水发光现象被人们称为"海火"。海火常常出现在地震或海啸前后。1976 年 7 月 28 日唐山大地震的前一天晚上，秦皇岛、北戴河一带的海面上也有这种发光现象。早在 1933 年 3 月 3 日凌晨，日本三陆海啸发生时，人们看到了更奇异的海火。波浪涌进时，浪头底下出现三四个像草帽般的圆形发光物，横排着前进，色泽青紫，光亮可以使人看到随波逐流的破船碎块。

　　海火是怎样产生的呢？一般认为是水里会发光的生物受到扰动而发光所致。如拉丁美洲大巴哈马岛的"火湖"由于繁殖着大量会发光的甲藻，每当夜晚，便会看到随着船桨的摆动，激起万点"火光"。现在已知会发光的生物种类还有许多细菌和放射性虫、水螅、水母、鞭毛虫，以及一些甲壳类、多毛类等小动物。因此，人们推测，当海水受到地震或海啸的剧烈震荡时，便会刺激这些生物，使其发出异常的光亮。

　　然而，另一些研究者对此持有异议。他们提出，在狂风大浪的夜晚，海水也同样受到激烈的扰动，为什么却没有刺激这些发光生物，使之产生海火呢？他们认为海火是一种与地面上的"地光"相类似的发光现象。

不久前，美国学者对圆柱形的花岗岩、玄武岩、大理岩等多种岩石试样进行破裂试验。结果发现，当压力足够大时，这些试样便会爆炸性地碎裂，并在几毫秒内释放出一股电子流，激发周围的气体分子发出微弱的光亮。在实验中，他们还注意到，如果把样品放在水中，则碎裂时产生的电子流，也能使水面发出亮光。

不过，在海啸发生时，不像地震那样会发生大量的岩石爆裂（当然地震海啸除外）。那么，海火又是怎样产生的呢？

一些人认为，海火作为一种复杂的自然现象，很可能有着多种的成因机制，生物发光和岩石爆裂发光只是其中的两种可能机制，由不同机制产生的海火，有着什么不同的特征，目前尚是谜题。

在人类历史的传说中，有一块沉没、古老而神秘的大西洲。这是一个经历了数十代繁荣，创造过灿烂文化，但却不明不白地消失在历史长河中的岛国。

早在寻找新大陆的浪潮中，就曾有人把大西洲画在航海图上。如哥伦布在航海中携带的地图上就绘有大西洲。大西洲究竟在地球上的何方？又是如何毁灭的？这些问题一直困扰着人们，始终未得其解。不过，最近两次考古的新发现，又使这幽灵似的古岛在迷雾中渐现。

1967 年，在爱琴海克里特岛以北 113 千米的桑托林岛上，希腊考古学家挖掘出公元前 1500 多年的青铜器时代文化遗址，在数米厚的火山灰堆下面，埋藏着米诺斯青铜时代的遗物。从所发掘的资料来看，与柏拉图笔下的大西国十分相似；致使不少人把它当作古岛的遗踪。柏拉图描述的古岛，是在一天和一个不幸的夜里突然消失的，难道米诺斯文化也有着同样的厄运？

地质学家已经查明，爱琴海自古至今就一直是火山和地震活动频繁的地区，强烈的火山和地震很可能在极短时间里把岛屿摧毁，如今爱琴海见到的不计其数的零乱散布着的岛屿，正是历史上强烈火山和地震所致。

根据探测资料，桑托林群岛中各岛完全像一个个破火山口。据火山学家们估计，这里原来有一个很大的火山岛。在火山的休眠期，岛上风化的熔岩变成了一个适宜生活的良好环境。大约在公元前 3000 年以前，史前的居民便在这里定居下来，繁衍发展，形成了爱琴海昌盛的米诺斯文明。

如何利用海洋的能量

科学家曾经做过这样一个实验：把酵母和葡萄糖的混合液放在装有半透膜壁的容器里，将这个容器浸在另一个较大的容器中，较大的容器中盛有纯葡萄糖溶液，其中有溶解的氧气。在两个容器中都插入铂电极，连接两个电极便得到了电流，这说明在微生物分解有机化合物的时候，就有电能随之释放出来。

根据这个原理制造出来的电池叫生物电池。生物电池比电化学电池有许多优点：生物电池工作时不发热，不损坏电极，不但可以节约大量金属，而且寿命比电化学电池长得多。

目前，生物电池作为电源，已试用于信号灯、航标和无线电设备，其中有的虽然经过长期使用，效果仍然像刚开始那样。有一种用细菌、海水和有机质制造的生物电池，用作无线电发报机的电源，它的工作距离已达到 10 千米，用生物电池作动力的模型船也已在海上游弋。

从生物电池的工作原理，科学家们想到了海洋。一望无际的海洋就是一个巨大的天然生物电池。

海洋是生命的摇篮。在海洋的表层，阳光透入浅海，生长着许许多多的单细胞藻类：绿藻、褐藻、红藻等，它们从海水中吸取了二氧化碳和盐类，在阳光下进行着光合作用，形成有营养的碳水化合物，同时放出氧，在海水中形成过多的带负电的氢氧离子。

海洋的底层是海洋动植物残骸的集聚地，也是河流从陆地带来丰富有机质的沉积场所。在黑暗缺氧的环境下，细菌分解着这些海底沉积物中的动植物残体和有机质，形成了多余的带正电的氢离子，于是海洋表层和底层的电位差产生了。实际上这是一个天然的巨大的生物电池。为此，科学家提出了在海洋上建立天然生物电站的设想，充分利用海洋表层水和海洋底层水的电位差产生电流。可以预料，随着科学技术的发展，未来人们将会在海洋上建起大型的天然生物电站，以便从海洋中取得大量电能。

潮汐电能的展望

潮汐能是指海水潮涨和潮落形成的水的势能，其利用原理和水力发电相似。潮汐能的能量与潮量和潮差成正比。或者说，与潮差的平方和水库的面积成正比。和水力发电相比，潮汐能的能量密度很低。世界上潮差的较大值为 13～15 米，我国的最大值（杭州湾澉浦）为 8.9 米。一般说来，平均潮差在 3 米以上就有实际应用价值。

潮汐能利用的主要方式是发电。通过储水库，在涨潮时将海水储存在储水库内，以势能的形式保存，然后，在落潮时放出海水，利用高、低潮位之间的落差，推动水轮机旋转，带动发电机发电。

潮汐电站的功率和落差及水的流量成正比。但由于潮汐电站在发电时储水库的水位和海洋的水位都是变化的（海水由储水库流出，水位下降，同时，海

洋水位也因潮汐的作用而变化)。因此,潮汐电站是在变功况下工作的,水轮发电机组和电站系统的设计要考虑变功况,低水头、大流量以及防海水腐蚀等因素,远比常规的水电站复杂,效率也低于常规水电站。

潮汐电站按照运行方式和对设备要求的不同,可以分成单库单向型、单库双向型和双库单向型三种。根据我国潮汐能资源调查统计,对可开发装机容量大于500千瓦的坝址和可开发装机容量200~1000千瓦的坝址共有424处港湾、河口,可开发装机容量200千瓦以上的潮汐资源,总装机容量为2179万千瓦,年发电量约624亿千瓦·时。这些资源在沿海的分布是不均匀的,以福建和浙江为最多,站址分别为88处和73处,装机容量分别是1033万千瓦和891万千瓦,两省合计装机容量占全国总量的88.3%。其次是长江口北支(属上海和江苏)和辽宁、广东装机容量分别为70.4万千瓦、59.4万千瓦和57.3万千瓦,其他省区则较少,江苏沿海(长江口除外)最少,装机容量仅0.11万千瓦。

浙江、福建和长江口北支的潮汐能资源年发电量为573.7亿千瓦·时,如能将其全部开发,相当每年为这一地区提供2000多万吨标准煤。

在我国沿海,特别是东南沿海有很多能量密度较高,平均潮差4~5米,最大潮差7~8米,且自然环境条件优越的站址。其中已做过大量调查勘测,规划设计和可行性研究工作,具有近期开发价值和条件的中型潮汐电站站址有福建的大官坂(1.4万千瓦,0.45亿千瓦·时)、八尺门(3.3万千瓦,1.8亿千瓦·时)和浙江的健跳港(1.5万千瓦,0.48亿千瓦·时)、黄墩港(5.9万千瓦,1.8亿千瓦·时)。已做过规划设计,有较好的工作基础,还需要进行前期综合研究论证的大型潮汐电站站址的有长江口北支(70.4万千瓦,22.8亿千瓦·时)、杭州湾(316万千瓦,87亿千瓦·时)和乐清湾(55万千瓦、23.4亿千瓦·时)等。

奇异无解的气候现象

自然世界，气候变化多端，并且很多奇异的现象至今没有一个科学的解释。下面我们将试着去了解这些奇异的自然气候景观，并从诸多现象中体会大自然的不可思议。

神秘而美丽的极光

1957 年 3 月 2 日晚，黑龙江省呼玛县西北方的天空中，出现了几颗彩色光点。渐渐地，光点放射出橙黄色的强烈光线，并且不断变化着形状。之后，光线慢慢模糊，形成幕布那样的形状，彩色逐渐变淡，最后消失。

就在同一天晚上，新疆北部阿勒泰北山背后的天空，也出现了鲜艳的红光，宛如山林起火似的。过了片刻，红色的天空射出一片片与地面垂直的光带，光带呈白色，又稍稍带些黄色，呈辐射状，从北山后逐渐向天顶推进。几条光带之间呈淡红色。一会儿亮，一会儿暗，光带的长短也不断变化着。不一会儿光带伸向天顶附近，这时光色最亮，那光带仿佛一条白色的绸带，飘在淡红色的空中。这种现象一直持续了 3 个小时。

这种罕见的景观就是极光。地球南、北两极附近的高空，夜里常常会出现极光。极光的形状变化万千：有时像巨伞，有时像细丝，有时像帐幕，有时似空中飘舞的彩带，有时又恰如一团跳跃着的火焰。它的颜色也是绚丽多彩：白

色的、蓝色的、紫红色的、橘红色的、玫红色的。极光是地球南极和北极特有的自然现象，它经常发生在极区上空 800～1200 千米的地方。有一种黄绿色的弧形极光相对比较稳定，它的规模也大得惊人：

长度可达 1000 千米, 甚至形成环绕极地的光圈, 宽度可达10~100千米。

那么, 极光到底是怎么形成的呢?

有的科学家认为, 是地球磁场以及太阳光辐射导致了极光的发生。理由如下: 太阳发出的高能质子和电子到达地球的时候, 因为受到地球磁场的影响, 高能质子和电子就向地球南、北两极地区偏斜, 并大部分进入南极和北极上空。所以, 我们只能在地球的南、北极地区见到极光。这些高能质子和电子在降落的过程中, 一定会碰撞到地球高层大气的原子, 两者相互撞击, 自然就发射出炫目的亮光。不同原子发出的亮光不一样, 氧原子发出来的是红光、绿光, 氮原子发出来的是紫光、蓝光、红光; 另外, 粒子自身也会发出比较微弱的光。这样一来, 极光的颜色就绚丽多彩, 好比节日放的焰火, 又美丽又壮观。不过, 这只是一种猜测而已。

有反对者提出异议, 说如果极光是来自太阳的高能质子和电子造成的, 那么, 这些高能质子和电子应该一直在不断地袭击地球, 这么说来, 极光应该是不断发生的自然现象。但事实并非如此。

到底是什么原因造成极光的突然出现呢? 这还有待科学家们继续去探索。

大地也会发光

1983 年 12 月 29 日晚 9～10 时许，在辽宁省铁岭县鸡冠山乡一带出现一道强烈的绿光，自西向东跃动，西边的龙王顶村和离此村 20 千米外的岱海寨村等地有许多人看得很真切。人们不解其意，猜疑种种，有的说是地震前兆，有的说是"神兆"。

新闻单位请气象部门对这一现象给予解释。气象工作者根据铁岭县所处地理位置和当天晚上天空状况分析，认定这种绿光属于地光。地光是一种低层大气发光现象。地光的形式是多种多样的，有带状光、条状光、片状光、球状光、火状光和柱状光等。地光的颜色也是五光十色的，红、橙、黄、绿、青、蓝、紫都有。通常看见的地光有的蓝里带白；有的形似彩虹，五颜六色；有的犹如一条光带，划破长空；有的犹如一团火球，或沿地翻滚，飘忽不定，或腾空而起，高悬半空。但绿光还不多见。

地光到底是怎样形成的呢？多年来，一直是个不解之谜。

由于地光往往是在地震发生前后出现的，所以有人认为地光与地壳的组成和变动有直接关系。地震是一种能量的积累和释放过程。由于地球的转动和地球内部物质的运动，在地球内部就会产生一种使地壳变形的力。而岩层也会产生一种反抗变形的地应力。当地应力积累到一定强度时，岩层就会突然发生破裂和错动，于是出现巨大的能量释放，并以地震波的形式向四周传播。其中高频和低频地震波就可能会引起地光。

有的科学工作者认为，地壳中的岩石在具有较高电阻率的情况下，1～10赫兹的低频地震波能使岩石产生很强的高压电场，从而使空气受制激发光。

有人从地震前日光灯会自动闪亮这一现象得到启示，认为地光可以由超声波激发空气所产生。

有人指出，深层地下水的流动也可导致大地电流的产生从而诱发地光。

还有人从大气静电场强度的变化和空气中带电离子浓度的变化探索地光产生的原因。

也有人指出，地光的形式多种多样，因此，它的成因也绝不会是单一的。比如，有的地光是沿着裂缝发生的，就可能是坚硬的岩石在强烈地震时由于断裂或摩擦产生的。1975年辽南大地震中，地光现象极为普遍，且多出现在第四纪疏松沉积物覆盖下的辽河平原地区，有的与冒砂孔完全一致，这就说明这类地光的出现是浅层天然气和石油因地震活动而喷射出来的自然发光现象。

总之，完全搞清地光发生的原因，还需要做许多工作。目前，地光的成因还是个谜。

遭遇雪崩

1969年12月24日，瑞士西南部阿尔卑斯山吉纳村上方，14名山地人爬过一个积雪山坡，为度假的人准备滑雪坡。脚底下不稳固的积雪，突然好像山崩

地裂，向下滑落。其中 3 人被翻腾滚下的积雪卷走，无法救援，结果葬身于好几吨重的雪堆中。

那年圣诞前夕的惨剧，成为随后前所未有一连几次雪中惨剧的前奏。在那个酷寒的冬天，从欧洲阿尔卑斯山脉东至伊朗艾尔布芷山脉，发生过几次 20 世纪威力最大的雪崩，就像骇人海啸似的，冲下陡峭山坡。1970 年头 3 个半月内，有 200 余人因此而丧生，数百人受伤，还把许多房屋、旅馆、医院、滑雪缆车设备、桥梁、公路及铁路冲毁。

法国灾情最重。4 月中旬，融雪引起山崩，数以万吨计的泥石从白朗峰疾冲入山谷对面阿西高地一所肺结核疗养院的三幢宿舍里。72 名遇难者多半不满15 岁。两个月前，在伊塞勒峡谷，大雪崩猛扑一座青年旅舍，有 39 名滑雪青年遇难。

同一期间内，瑞士也发生过历史上少见的雪崩惨剧。1970 年 2 月 24 日，接近意大利边界的雷京格村，发生 220 年来最惨重的雪崩，30 人遇难。在随后发生的小意外中，又有多人死亡。各地高山都会发生雪崩。每年发生的大雪崩，可能多达 25 万次，但并不是所有雪崩都会毁灭生命或财产。雪崩与冰川是完全不同的自然现象。冰川是由又厚又硬的大冰块缓缓移动形成的，雪崩则是大量松软积雪迅速滑动。斜坡上的积雪，总是处于脆弱的平衡状态。连续降雪后，雪就会像多层夹心蛋糕似的层层堆积。随着气温及天气的变化，雪层会下沉、结实、融化及重新冻结。例如，新降的雪可能落在已经结成冰块的层面上。这两层之间的结合，极为薄弱。任何轻微的扰动，都能使上层积雪滑过下面的冰层。

山地人把雪崩分为"土崩"与"尘崩"两类。新降大雪不能与旧雪层坚实地结在一起时，通常发生尘崩。大雪连下 24～48 个小时，积雪堆至 10 英寸（1英寸≈2.5 厘米）以上，一般认为尘崩最易发生。上层积雪受到地心引力，顺着山坡滑下。巨量积雪滑落速度迅速增加，滑落时积雪越来越多、越来越重。只要几秒钟便滑下极长的斜坡，速度惊人。瑞士有一次尘崩，用计秒表测得的时速竟超过 200 英里（1 英里≈1609 米）。

尘崩时，还在迅速滑动的雪墙前面产生一股强大的气压。这种强烈的"风"，曾有一次在阿尔卑斯山，把250英亩（1英亩≈4047平方米）范围内所有根深蒂固的百年老树连根拔起。又有一次在奥地利，把一辆游览

客车吹落一座桥下，25名滑雪人遇难。但滑动的雪墙根本没有碰到那辆游览客车。

另一方面，土崩——湿雪滑落——时速很少超过60英里，但也有破坏力。此种雪崩通常发生于春季积雪开始融化时，土崩的雪在滑动时滚成雪球，一路上收集泥土、拔起了的树木和挖松了的大圆石等杂物，积重可达100万吨。土崩的雪所经之处，障碍物上所受的威力，每平方米强达100吨。

山区中必有雪崩，但为什么近几年雪崩所造成的伤亡及破坏，都比以前大？专家举出几个理由。

滑雪及其他冬季运动方兴未艾。历来遭受雪崩侵袭的地方，冬季别墅及游乐场地有增无减，于是危险增加。一位瑞士专家说："人们好像并不关心那里是否安全。个人的经济利益总是摆在前头。"

无限制发展并不是雪崩杀人的唯一原因。有记录的雪崩多半是由粗心的滑雪人引起的，造成许多人伤亡。瑞士一个救援队的队长指出："每年有太多人由于愚昧无知或低估危险而丧生。他们想不到可能有被活埋、压坏或窒息的危险。"（瑞士有记录说明，遇雪崩遭活埋的人，两小时后，100人中只有19人生还，三小时后则只有9人。）

每个冬季，瑞士估计有2万次雪崩，其中约有137次造成相当大的损失，伤亡人数在比例上却较邻国低。这一点主要归功于完善的预报系统。这个系统

隶属瑞士联邦积雪及雪崩研究所，意大利、奥地利及苏格兰也采用同样办法，法国则效仿部分措施。雪季时间每周一次。估计阿尔卑斯山发生严重雪崩的可能性，在危急情况下则酌增次数。发表雪崩警报前，先分析几千项个别报道。研究所及外界观察员，包括阿尔卑斯山向导、滑雪教练、学校教师、修道士及缆车驾驶员等，从瑞士52个观察地点每日用电话、电报报告当地积雪及天气的情况。此外，还与奥地利和意大利交换类似资料。

报纸、电台和电视台都报道研究所的公报。瑞士联邦电话局还把公报录下，随时回答电话询问。公报翔实可靠，警察、救援队及游乐场地，都据此限制车辆来往、关闭滑雪坡或撤离危险地带。

该研究所在1942年成立，设于一座四层楼高的近代大楼内，坐落在崎岖的威斯夫鲁约赫峰顶。这座险峻的山峰海拔9000英尺（1英尺≈0.3米），山脚下是达弗斯镇。山上有一条两英里长的缆车轨道把研究所与山谷连接起来，这条缆车轨道也供滑雪人登山之用。

研究所共有24位专家，分担控制积雪的各项工作。其中包括气象学家、水文学家、工程师、森林学家、地质学家及物理学家等。由于这批专家专门研究雪崩成因及各种预防措施的工作，所以全世界专家也常群集威斯夫鲁约赫峰吸取新知识。

研究所的另一项活动，是每隔一年的1月举办为期一周的雪崩讲习班，这项户内及户外课程，只需缴付很少费用便可参加。许多学生是阿尔卑斯山救援人员及外国游乐场地的滑雪教练。课程之一是寻找埋在雪崩中的遇难人。狗的嗅觉敏锐，人类远不能及。训练过的狗，嗅觉敏锐得使人难以置信。

举例来说，1968年某夜，达弗斯镇连续雪崩埋了11人，雪崩狗在两三个小时内便把他们找到，掘出后其中4人还活着。这些灵犬凭嗅觉找到埋在干雪下深达16英尺的遇难人。据研究报告，受过良好训练的雪崩狗，能在20～30分钟内搜遍2.5英亩的雪地。如果使用人力，同样的工作需要20个人花费20个小时才能做完。方法是用棍子不断插入雪中，每次还得保持适当的距离。

据说从前马车夫赶车穿过阿尔卑斯山隘口时，会抽一下鞭子，击松积雪，使雪滑落而不伤人。今天，该研究所也用人工方法引发无害的雪崩，以消除隐患。他们发现用炸药引发雪崩最好。此外还动用迫击炮、反坦克火箭炮、遥控地雷、手榴弹、自制炸弹——旧铁罐装满炸药用火柴点火引爆。仅在瑞士阿尔卑斯山区，每年用一万次爆炸，以造成人为雪崩。一位游乐场地主人说："我们是个爱好和平的民族，不过，听到那些爆炸声，人们也许不那么想。"美国及加拿大落基山区，也采用同样预防方法保护铁路和公路。

科学家对雪崩的知识及所拟的预防方法，仍然不足。未能解答的难题数以千计。如何用人工方法使积雪稳定？哪种雪面对哪种天气变化最敏感？在雪崩地区如何种植防护林才收效最大？

"这些问题及其他迫切问题中，只要有小部分获得解决，"研究所所长德奎威博士说，"雪崩造成的伤亡及破坏便可剧减，也许能减少一半。"

由于爱好滑雪的人不断增加，世界各国的滑雪人都急需多了解雪崩的危险，采取适当的行动。为了防备雪崩，每个人都须注意以下的一般守则。

即使气温不转暖或风力不减弱，在任何斜度超过20°的滑雪坡上，一英尺深的新雪也可能发生危险。十次雪崩有八次在暴风雪时或紧接着暴风雪之后发生。

气温上升，雪崩的机会增加。雪开始融解，积雪松软，雪崩最易发生。不管天气好坏，动身滑雪之前，先向当地气象台咨询，还要"相信它的报告"。

在一个陌生的地区滑雪时，尽可能选择林木茂密和山脊长的地点。最好避免横越陡坡。如果必须横越时，尽可能接近斜坡的上端走过，在穿越斜坡时，"切勿挤在一起"。要列成单排，彼此保持距离，这样即使遇险不致殃及他人。

切记携带一条雪崩绳：100英尺长的红色尼龙绳。在容易发生雪崩的地区滑雪时，应该把绳系在腰上，拖在后面。如遇雪崩受困，部分红绳可能露出雪外，救援人员便可循迹施援。

如果队里有人为雪崩所困时，把最后看到他的地点做个记号，立刻利用雪橇或滑雪竿搜寻。同队人员众多，派人来救。在受过训练的救援人员和狗到达前，尽可能继续搜寻。时间就是生命。

让人惊异的高原地热

在雄伟的冈底斯山和念青唐古拉山山下，常常能见到山峰白雪皑皑，山脚热气腾腾，蓝天雪峰的背景与冉冉升起的白色汽柱交相辉映，蔚为壮观。在青藏高原范围内共有 1000 余处地热区，以西藏南部的地热带最为强盛。青藏高原地热资源之丰富，类型之复杂，水热活动之强烈为全球罕见。

南起喜马拉雅山，北抵冈底斯山和念青唐古拉山，从西陲阿里向东经过藏南延伸至横断山脉折向南，迄于云南西部的强大地热带的形成，和年轻的喜马拉雅造山运动密切相关。我国科学工作者把它叫作喜马拉雅地热带。在这条地热带内有热水湖、热水沼泽、热泉、沸泉、汽泉和各种泉华等地热类型，还有世界上罕见的水热爆炸和间歇喷泉现象。是什么原因导致了这些现象呢？

在喜马拉雅地热带内一共找到 11 处水热爆炸区，其中以玛旁雍热田最为典型。据目睹者介绍，1975 年 11 月在西藏普兰县曲普地区发生了一次水热爆炸，震天巨响吓得牛羊四处逃散。巨大的黑灰色烟柱冲上天空，上升到八九百米的

高度，形成一团黑云飘走。爆炸时抛出的石块直径大的达 30 厘米，爆炸后 9 个月，穴口依然笼罩在弥漫的蒸汽之中。留下了一个直径约 25 米的大坑，称为圆形爆炸穴，穴体充水成热水塘，中心有两个沸泉口，形成沸水滚滚、

翻涌不息的湍流区。泉口温度无法测量，但热水塘岸边的水下温度已高达78℃。

水热爆炸是一种极其猛烈的水热活动现象，爆炸后地表留下一个漏斗状的爆炸穴，穴口周围组成的环形垣体堆积物逐渐流散，泉口涌水量慢慢减少，水质渐清，水温降低。水热爆炸通常没有固定的时间和地点，前兆不明显，过程也很短促，约在10分钟以内，因此只有少数人碰巧目睹过这种奇特的地热现象。

有人认为，水热爆炸属于火山活动的范畴，这是因为目前仅有美国、日本、新西兰和意大利等少数国家发现过水热爆炸，但几乎都出现在近代火山区内。然而，青藏高原上的水热爆炸活动和现代火山似乎没有什么联系。它是在以岩浆热源为背景的浅层含热水层中，当高温热水的温度超过了与压力相适应的沸点而骤然汽化，体积膨胀数百倍所产生的巨大压力掀开了上面的盖层而发生的爆炸。

高原上水热爆炸的规模较小，但同一地点发生水热爆炸的频率却较高。如苦玛每年四五次，有的年份则多达20余次。这种罕见的高频水热爆炸活动说明，下覆热源的热能传递速率大，爆炸点的热量积累快。从地热带内其他各种迹象判断，这个热源可能是十分年轻的岩浆侵入体。

19世纪末叶以来，涉足高原的任何外国探险家都没有报道过这里的水热爆炸活动，已经发现的水热爆炸活动大都发生在20世纪50年代以后，它们形成的垣体中也不见泉华碎块，这不仅说明这些水热区形成的年代较新，而且还暗示这里作为热源的壳内岩浆体很年轻，正处在初期阶段。

西藏是目前我国境内发现间歇喷泉的唯一地区，共有间歇喷泉区三处。高温间歇喷泉是自然界一种奇特而又罕见的汽、水两相显示，它是在特定条件下，地下高热水做周期性的水、气两相转化，因而使泉口间断地喷出大量汽水混合物的一种水热活动。相邻的两次喷发之间，有着相对静止的间歇期。

冈底斯山南麓的昂仁县搭各加间歇泉区位于多雄藏布河源，海拔大约5000

米，共有 4 处间歇喷泉，都坐落在高 15～30 米的大型泉华台地上。最大的一处泉口直径只有 30 厘米，泉口东面直径两米的热水塘由一条裂隙连通。这个间歇泉活动比较频繁，每次喷发高度由一两米至十余米不等。喷发延续时间也很不一致，短的一瞬即逝，长的可达 10 余分钟。

每次较大的喷发来临之前，泉口及旁边的热水塘的水位缓缓抬升，随后泉口开始喷发，水柱自低而高，然后回落。有时则经过几次反复才达到激喷，汽水柱一下子上升到 10 米左右，持续片刻后渐渐下降，有时则又回折，几经反复直至停息。其中有一次特大喷发，随着一声巨响，高温汽、水流突然冲出泉口，即刻扩展成直径两米以上的汽、水柱，高达 20 米左右，柱顶的蒸汽团不断腾跃翻滚，直捣蓝天。

这种奇特的、交替变幻的喷发和休止，决定于它奇妙的地下结构和热活动过程。间歇喷泉通常位于坚固的泉华台地上，其下有体积庞大的"水室"和四周的给水系统，底部有高温热水或天然蒸汽加热，还有细长喉管直达地面的抽送系统，酷似一个完整的天然"地下锅炉"。

随着水室受热升温，汽化上下蔓延，至水室内具备全面沸腾的条件时，骤然汽化所产生的膨胀压力通过抽送系统把全部汽水混合物抛掷出去构成激喷。水室排空后重又蓄水、加热，孕育着再一次喷发。

位于拉萨市西北 90 千米的羊八井盆地海拔 4200 米左右，也是典型水热爆炸类型的热田之一。这里一些巨大温泉和热水湖蒸汽升腾而成高 10 余米的几座白色汽柱，十分壮观。

羊八井地热田的发电潜力为 17.9 万千瓦，如果全部开发出来完全可以满足拉萨市及其附近地区的电力需求。

西藏地热之谜仍有待于进一步研究。

南极冰冷气候下的"暖湖"

如果说南极是我们生活的星球上最冷的地方，相信没人会反对吧！因为这块大陆一直以来就有"冰雪大陆"之称，但是就在这冰天雪地中，却有一个温暖的湖泊，这究竟是为什么呢？我们也很想知道其中的秘密。

在南极大陆维多利亚地区附近的干谷地区终年不降雪，更无冰川，就是在这样一个平谷的底部，有一个叫做范达湖的湖泊，令人惊奇的是，这个藏身冰冻中的湖竟是一个暖水湖。在68.6米深的湖底部，水温高达27℃。探险家们发现，在南极大陆共有20多个湖泊，不仅终年不冻，而且湖水温暖。

科学家们对南极这些不冻湖泊深感兴趣。他们研究发现，南极湖泊有三种类型：一类是湖面冰冻，冰不是液态水；另一类是湖面季节性冰冻，夏季湖面解冻，液态水露出湖面；还有一类是寒冬湖面水也不冻。最为奇特的就是范达湖，尽管湖表面有冰层，但随着深度增加，湖水温度迅速提高，直到湖底水温接近27℃。

为什么会有这些暖水湖呢？科学家们提出了各种看法。一些人认为，可能有一股来自地壳的岩浆流烤热了湖底的岩层，提高了湖底水的温度。持反对意见的学者认为，至今没有在湖底找到地壳断裂带，所以地热不可能传出地表面

温暖湖水。1973 年 11 月，科学家在范达湖进行了钻探，钻头穿过湖面冰层、水层，钻入湖底岩层，结果发现湖底水很暖，但湖底岩层却很冷。这也证明了湖底的岩层并没有被烤热。

一些人认为，范达湖湖水可能是被太阳晒热的，因为范达湖湖水清澈，湖面冰层没有积雪，太阳的短波辐射可以穿过冰层和水层，到达湖底，暖热了水温。同时湖面冰层，又能像棉被那样挡住湖水热量的散发，所以湖底的水可以保持这样高的温度。但是，一些学者提出，较暖的表层湖水通过对流，必然把热量传给周围湖水，结果应该是整个湖水都变暖。另外，在南极半年的极夜期，为什么能保持这样高的水温，而在另半年的极昼时期，它的水温并没有无限制地升高呢？

此外，也有人认为范达湖的温水是受海底温泉加热而成的，可是至今也没有找到热泉。有人提出可能湖里存在某种特殊化学物质在反应放热，但至今也没找到这种物质。在这块年平均气温达 $-25℃$、极点最低温为 $-90℃$ 左右的世界极寒的冰原中，暖水湖的成因确实是一个谜。

旧谜未解，新谜又起。前不久，在意大利罗马召开的南极考察学术交流年会上，俄罗斯的地质冰川学家卡皮茨亚博士指出，南极冰盖下掩埋着一个巨大的湖泊。这个湖泊在苏联的南极"东方站"附近，在 3800 米深的冰盖下，长约 250 千米，宽约 40 千米，呈长椭圆形，湖水深度为 400 米左右。这个神秘而奇特的冰下之湖，被称作"东方湖"。于是，东方湖的成因，引起各国冰川学家们的争议。

美国的冰川学家曾提出压力消融说，认为是冰盖上部冰的压力使冰消融变成水。但仅仅是压力就能将冰消融成这么浩大的湖泊，不能说服更多的科学家。俄罗斯科学家提出地热融化说，认为是地球内部涌出的地热使冰盖底部融化形成浩渺大湖。但由于在冰盖岩盘打孔困难，南极大陆热流还无法测定。一些学者提出反问，在已知地热温度不高的南极大陆，其冰盖下的冰难道真的是被地热融化的吗？

因此，一些人把东方湖与暖水湖联系起来，甚至展开了丰富的联想，比如有关湖水的成分、湖底的沉积物、湖水中有无生命等。弄清南极大陆湖泊的真相，也许可揭开冰川学、古环境以及地球环境演变的许许多多的谜。

地温异常带

绕行于太阳的地球，以它固有的运行规律决定了一年一度的春、夏、秋、冬如期而至。每当数九寒冬和酷热的盛夏来临之际，爱幻想的人们是多么渴望能有一个冬暖夏凉的季节呀。真是天公作美，遂人心愿，世上竟有一部分幸运的人居住在冬暖夏凉的"地方"，这"地方"就是辽宁省东部山区桓仁县境内被人们叹为观止的"地温异常带"，这条"地温异常带"一头系于浑江左岸，沙尖子满族镇政府驻地南 1.5 千米处的船营沟里，另一端系于浑江右岸，宽甸县境内的牛蹄山麓。整个"地温异常带"长约 15 千米，面积为 10.6 万平方米。

在这块土地上，随着夏天的到来，地下温度便逐渐开始下降。当气温高达 30℃ 的盛夏时在这里地下 1 米深处，温度竟至 -12℃，达到滴水成冰的程度。

特别是船营沟任洪福家房后的一道长约 1000 米，宽约 20 米的小山岗，则更为明显。1995 年的一个夏天，任洪福的父亲任万顺，在堆砌房北头的护坡时，发现从扒开表土的岩石空隙里，冒出了刺骨的寒气。老汉感到很是惊讶。

于是就在这里用石块垒成了长宽不足2尺（1尺≈0.3米）、深达2.5尺的小洞。夏季里，这个小洞就变成了一个天然的冰箱，散发出阵阵寒气，这时人站在距洞口六七米远时，就会被这寒气冻得难以忍受，他们将鸡蛋放在洞口，鸡蛋都冻破了皮，将一杯糖水放入洞内，很快就被冻成冰块。

入秋后，这里的气温开始节节上升，到了朔风凛冽、隆冬降临时，这"地温异常带"上却是热气腾腾，这时在地下1米深的温度可达17℃，任洪福家的"天然大冰箱"这时又变成了"保温箱"。人们在任家山后的山冈上看到，虽然大地已经封冻，但种在这里的角瓜，却是蔓壮叶肥，周围的小草也是绿茵茵的。任家在这里平整了一小块地，上面盖上塑料棚，在这棚里种上大葱、大蒜，大葱长得翠绿，蒜苗已割了两茬。人们经过测定发现在这棚内气温可保持17℃，地温保持15℃。在这小岗上整个冬、春始终存不住雪。任洪福老汉充分利用这一条件，在这道土岗的护坡前盖了三间房子，利用洞口的冷气建成了小冷库。为乡亲和沙尖子镇饭店、医院、酒厂、兽医站等单位储存鱼、肉、疫苗等物品，其冷冻效果十分理想。

无独有偶，在河南林县石板岩乡西北部的太行山半山腰，有一个海拔1500米叫"冰冰背"的地方，也是个冬热夏凉的地方，在这里阳春三月开始结冰，冰期长达5个月，寒冬腊月，热气如蒸，从乱石下溢出的泉水，温暖宜人，小溪两岸奇花异草，嫩绿鲜艳。

人们知道，自然界的冷暖取决于太阳的光热，随着地球的自转，当它与太阳距离缩短时，太阳辐射给地球的热能就增加，使地球变暖、变热。反之，地球就变亮、变冷。由此形成了地球的一年四季——春夏秋冬。而这奇异的土地却打破了这一自然规律，出现了超自然的现象，它的冷热不随外界变化而变化，而有其自身的变化规律。那么，当外界变暖时它的地下为什么会是那么寒冷？外界变冷时，它又是从哪里获得的热源呢？这奇异的现象，引起了许多科研人员的注意。他们有的认为，在这种冷热反常的地带，它的地下可能有庞大的储气构造和特殊的保温层，大气对流于这特殊的地质构造之中，才导致了这奇异的现象。

另有些人认为，这里的地下有寒热两条储气带同时释放气流，遇寒则热气显、遇热则冷气显。还有人则认为，这个地下庞大储气带的上面有一特殊的阀门，冬、春自动开闭，从而导致这种现象的发生，这种种分析只是推论而已，究竟这地温异常带是如何形成的？这里的地质结构有什么与众不同？还有待科学工作者经过进一步考证，才可能解开这一带"冷热颠倒"之谜。

风雨不平常

刮风下雨本是极寻常的自然现象，但有些风和雨确实很奇异。

1940 年在高尔科夫州，发生了一桩令人惊奇的事。一个炎热的夏天，在巴甫洛夫区麦歇尔村的上空雷雨大作，一些银币随着雨滴撒落在地上！村民发现这竟是几千枚伊凡五世时代铸造的模压花纹的硬币。1954 年，美国小城达文港下了一场蔚蓝色的夜雨。1933 年，在远东离卡瓦列洛沃镇不远的地方，暴雨带来了大量的海蜇。在许多国家还经常发生这样的事：晴朗的日子里，天上突然撒下许多麦粒，掉下橙子和蜘蛛，有时又会随雨滴落下青蛙和鱼……这些看来不可思议的现象，其实都是龙卷风的恶作剧！

龙卷风发生在水面，则称为"水龙卷"，如发生在陆地上，则称为"陆龙卷"。

龙卷风外貌奇特，它上部是一块乌黑或浓灰的积雨云，下部是下垂着的形如大象鼻子似的漏斗状云柱，具有"小、快、猛、短"的特点。水龙卷直径25～100米。陆龙卷的直径不超过100～1000米。其风速到底有多大，科学家没有直接用仪器测量过，但根据龙卷风在经过的区域内作的"功"来推算，风速一般每秒达50～100米，有时可达每秒300米，超过声速。所以龙卷风所到之处便摧毁一切，它像巨大的吸尘器，经过地面，地面的一切都要被它卷走，它经过水库、河流，常卷起冲天水柱，连水库、河流的底部有时都暴露出来。同时，龙卷风又是短命的，往往只有几分钟或几十分钟，最多几小时。一般移动几十米到10千米左右，便"寿终正寝"了。

来去匆匆的龙卷风平均每年使数万人丧生。全球每年平均发生的龙卷风上千次，其中美国出现的次数占一半以上。1974年4月3日，在美国南部发生了一场龙卷风，风速从每小时100海里增加到300海里，卷走了329人，使4000多人受伤，24 000多家遭到不同程度的损失，损失价值约7亿美元。亚、欧与大洋洲也是龙卷风多发地区。所以各国对龙卷风的研究都很重视，但龙卷风之谜一直未能彻底解开。

龙卷风的形成一般都与局部地区受热引起上下强对流有关，但强对流未必产生"真空抽水泵"效应似的龙卷风。苏联学者维克托·库申提出了龙卷风的内引力—热过程的成因新理论：当大气变成像"有层的烤饼"时，里面很快形成暴雨云——大量的已变暖的湿润空气朝上急速移动，与此同时，附近区域的气流迅速下降，形成了巨大的漩涡。在漩涡里，湿润的气流沿着螺旋线向上飞速移动，内部形成一个稀薄的空间，空气在里面迅速变冷，水蒸气冷凝，这就是为什么人们观察到龙卷风像雾气沉沉的云柱的原因。但问题是在某些地区的冬季或夜间，没有强对流或暴雨时，龙卷风却也每每发生。这就不能不使人深感事情的复杂了。并且龙卷风还有一些"古怪行为"使人难以捉摸：它席卷城镇，捣毁房屋，把碗橱从一个地方刮到另一个地方，却没有打碎碗橱里的一个碗，被它吓呆的人们常常被它抬向高空，然后，又被它平平安安地送回地上，大气旋风在它经过的路线上，总是准确地把房屋的房顶刮到两三百米以外，然后抛在地上，然而房内的一切却保存得完整无损；有时它只拔去一只鸡一侧的毛，而另一侧却完好无损，它将百年古松吹倒并捻成纽带状，而近旁的小杨树连一根枝条都未受到折损。

俄克拉荷马州的一对夫妇也遭到了这种厄运。在1950年的一个晴朗的夏日，他们躺在床上休息。一声刺耳的巨响赶走了睡神。他们俩起来看了看，以为这声音是梦中听到的，于是重新又躺下来。但是，他们忽然发现他们的床已被弄到荒无人烟的旷野。周围没有房子，没有任何建筑物，也不见牲畜。只有一只椅还留在他们的旁边，折叠好的衣服仍好端端地摆在上面！

空中飞物是龙卷风现象中最不可思议的。带着这些东西飞行的是龙卷风呢还是云层？1917年3月23日新奥尔尼市曾有过一次空中坠物的奇雨，在离遭龙卷风袭击的村庄40千米远的地方，从云端落下来衣物碎片、残缺不全的家具、瓦片、一扇厨房中柜子的厚门，还有一罐子渍黄瓜等。显然，云层是不能带着这些重物在空中一起飞行的。

"断层光"和"球雷电"

否定UFO与地球之外智能力量相联系的人们，以为UFO即使存在也仅仅是一种自然现象。其中颇有说服力的一种观点是把UFO现象解释成由地质变化过程而产生的大气现象。根据是UFO在空中的出现有的明显是由于地表断层活动促成的。如英国研究人员安德鲁·约克和保罗·迪沃雷克斯在累斯特郡，经过1972—1976年4年间的研究，绘出了UFO现象在该地区的分布图，认为自20

世纪 50 年代以来 25 年间出现的飞碟事件都是在该地区断层活动高峰期发生的。

这种把 UFO 现象单纯地作为自然现象加以研究的做法，其实是形成了 UFO 研究的一个分支。这也就意味着无论是把 UFO 看成是毫无例外的智能活动现象，还是看成毫无例外的自然活动现象，都是狭隘的。"不明飞行物"称谓的本身就源于性质不明的认识。只有在具体研究过程中，人们才有可能从"不明飞行物"中辨认出"不明飞行器"，从而予以定性研究。而作为自然形态的"不明飞行物"可能就包括因断层活动而出现的光球在内。至于"断层光"的确切成因，则需要人们从物理学和地质学的角度探索和解释，这和针对"不明飞行器"的研究是不能混为一谈的。

存在于自然界的空中现象有时又确实难以判明其存在性质。1982 年 6 月 18 日和 1984 年 4 月 9 日夜晚，我国空军飞机和日本民航客机分别发现天空出现过半圆形的巨大"云团"，泛出白光，随后光芒渐暗，以至于完全消失，巨云出现前只是一个月亮大小的光球，但瞬间急剧膨胀开来，犹如炸弹爆炸般猛烈，不过未闻任何声响。两次事件的实际过程大同小异。事后调查表明，在巨云出现时地球上既没有进行任何核试验也没有任何激烈的地壳活动迹象。这究竟是怎么回事呢？"巨云"的出现为 UFO 的广义研究增添了新谜。

素有"自然界怪球"之称的"球雷电"更是让科学家感到惊奇和疑惑。苏联一架伊尔 18 型客机在 1200 米高空飞行时，突然一个直径为 10 厘米的火球钻入飞机驾驶舱，它伴着震耳欲聋的爆炸声消失了。几秒钟后，它却难以置信地通过了密封的金属舱壁，在乘客座舱内重新出现。火球在惊慌的乘客头上缓缓

飘浮而去，到达后舱时火球一分为二，裂成两个发亮的半月形，随后又合二为一，拼成完整的球体，并带着不大的响声离开了飞机。飞行员发现机上的雷达和部分仪表由于"球雷电"的干扰已出现故障，被迫驾机紧

急着陆。做地面检查时，发现仅在"球雷电"钻入和钻出处的飞机头部外壳板和尾部门各留有一个空洞，而飞机内壁却不见丝毫损坏，同时也未伤及舱内乘客。

最新一次奇异的"球雷电"事件发生在我国湖南省隆回县，当地一对农民夫妇及其女儿在睡梦中竟被一个穿堂走室、闯入睡房的火球所击毙，一家3口统统化为灰烬。据男主人的父母说，事发当晚，电闪雷鸣，一个拳头大小的绿色光球，猛然击碎窗户玻璃窜入他们的卧室，在床上飞舞滚动，他们的手脚顿感麻木灼热，光球最后飞舞到他儿子的房间，其儿子、儿媳和孙女全部焚为灰烬，床上的衣被等物也全部烧毁，而床柜、床脚完好无损，床边的物品也无损坏痕迹。越发奇怪的是放在床边的大立柜，外面无任何损坏痕迹，而柜内所有的衣杂品却全部烧成了灰末。

科学家目前比较接近的观点是把"断层光"和"球雷电"看成是具有共同成因的自然现象，即都属于等离子体火球的不同表现，甚至有些学者把所有的UFO现象都归结为等离子体火球的活动。无可否认的事实是，自然界中确实存在着为科学家所说不清楚的大气现象，无论造成这些大气现象的原因是来自天上，还是出于地下。

球形闪电

球状闪电是闪电的一种形式。闪电按形状和特征可分为线状闪电、带状闪电、火箭状闪电、片状闪电、热闪电、珠状闪电和球状闪电。球状闪电也称球雷或电光球，是一种不太常见，而又会造成一定危害的奇异闪电。通常在强雷

暴时出现，有时无雷雨天气也会发生，一般出现在高山或潮湿地带。外观呈球状，直径一般 10～20 厘米，小至 1 厘米，大到 10 米。呈红、橙（或黄）、绿、白色。运动时浮动跳闪，水平移动速度通常为每秒数米，有时能停在半空中不动或由空中向地面降落。球状闪电癖爱钻缝。存在时间一般只有几秒或十几秒，最长不超过十几分钟。消失时常伴有爆炸，发出巨响，有时也无声无息地消失。消失处常有臭氧或一氧化氮的气味。

古今中外有不少电光球的记载。中国北宋沈括在《梦溪笔谈》中记载了皇帝内侍李舜举家遭雷击的情形：有一团火球穿过窗户进入室内，家人视为起火，纷纷逃出，雷击过后，发现窗纸被熏黑，墙上挂的一把宝剑在鞘中化为液体，而漆布刀鞘却完好无损，室内其他物品均丝毫无损。

16 世纪中叶，法国亨利二世的婚礼之夜，一个球雷闯入内宫，将皇后迪亚纳烧死。

1946 年，苏联一架大型飞机在北极考察，当飞机飞到沃洛格达州的一个森林地带上空时，有一个耀眼的白球穿过密封的机舱壁进入飞机，悄悄从驾驶舱移向无线电室，只听见轰的一声，散出一团烟雾，电台被击中而短路，但损坏不大，很快修复。机组人员觉得惊奇：冬天 -14℃，又无雷电，怎么会出现球状闪电？

1963 年有一天，一架从美国纽约飞往华盛顿的 539 号班机，也遇上了球雷。当时雷雨大作，突然从机舱门口窜进一个火球，直径约 20 厘米，色白偏蓝。火球沿机舱走廊向后移动，进入盥洗室后消失。机上乘客吓得面无人色。

1985 年 6 月 18 日晚和 10 月 10 日傍晚分别在我国北京门头沟下马岭地区和上海嘉善地区都观察到球状闪电。北京当时下大雨，出现一个红色圆球，损失很轻。上海那次也是发生在风雨雷电交加之中，火球呈锯齿状，直径约 80 厘米，一声巨响之后，出现在离地面一人多高的地方，穿过无缝的墙，进入村民汪关荣房内，墙上没有火球穿越的裂缝，只是有几片石灰脱落，房屋内外的电线全部被击得粉碎，室内损失不大，在场的汪关荣和妻子安然无恙。

据报道，在美国尤尼昂维尔城发生的一次球状闪电中，火球进入了一个家庭的电冰箱，把冰箱中的生鸭变成了烤鸭，蔬菜也熟透了。原来是火球在冰箱中瞬时产生了高温，变成了电炉，令人奇怪的是电冰箱完好无损。在苏联的伯力，有一次一个黄色球雷在屋前的白杨树上跳来跳去，当它跃到地上时，一个在牛棚下避雨的孩子，踢了它一脚，轰的一声，火球爆炸，孩子应声而倒，然而没有伤着，可是牛棚里的11头牛全被击死。

上述行为神秘的球状闪电到底是怎样形成的，科学家们提出各种假说，有人认为球状闪电是被加热的空气球，也有人认为它是密度极高的等离子体等。此外，关于球状闪电的能量来源也有不同的说法，一种认为球状闪电的能量储藏在球体之中，另一种认为这种能量来自球外。上述这些看法都尚在争论之中，球状闪电中的许多疑谜有待进一步揭开。

天上掉下来一块冰

在万里无云的碧空中，突然会掉下一些大冰块。就在新千年伊始，西班牙竟然连续发生了7次"空中降冰"，而且前后时间间隔只有短短七八天！其中，最吓人的是在南部塞维利亚省的托西那市，一块重达4千克左右的大冰块轰然落在两辆轿车上，顷刻间车顶被砸得稀烂，如若不是一个朋友把车主叫住，与他交谈起来，他难免会成为世界上第一位坠冰的"牺牲品"。

随后又有一块长30余厘米、重约2千克的大冰块击穿了穆尔西亚省一家酒

吧的屋顶，所幸也无人员伤亡；最后一块落在历史名城加西期的市中心广场，警察在接到报警后很快就把它"带走"了；最有趣的是在三天后，几乎同时有3块大冰光临巴伦西亚地区的3个小村庄，其中最大的一块也有4千克重。西班牙国家气象局的专家已经否定了"冰雹"的可能性，尽管说它来自太空还有待于进一步证实，但从很多迹象看，"陨冰"的可能性相当大。

事实上，经过多年的研究探索，现在人们已经肯定，众多的晴空坠冰中，至少有一部分是真正的"天外来客"——"陨冰"。陨冰与陨石一样，原先都是游荡在太空、绕太阳转动的"精灵"，只是有时它们一不留神，闯进了地球引力的"陷阱"，才被迫改变轨道落向地面。由于地球周围有一稠密的大气层，所以绝大多数的陨落物都在大气中"毁尸灭迹"，在几千度的高温焚烧下，只有少数原先非常巨大的母体，才会有残骸降临人间，成为陨星（包括陨石、陨铁）。那些铁块、石头尚且只能剩下极少部分，可想而知，陨冰原先的母体一定是太空中硕大无比的巨大冰山。

陨冰比陨石更稀罕，因为不光是夜间降落的陨冰绝大多数会被"埋没终身"，就是白天"下凡"，如不及时发现，妥善保存，也难免会很快化做一洼污水而无从辨别，不像那些陨石（铁），即使是原始时代来的"客人"，科学家还是可以认证出它不凡的"门第"。因而现已正式确凿证明的陨冰，到20世纪止，也不到两位数。最早确认的陨冰是1955年落于美国的"卡什顿陨冰"；第二块陨冰于1963年降于莫斯科地区某集体农庄，重达5千克。

最令人感到蹊跷的是，我国无锡地区也曾受过这种空中坠冰的青睐，在1982—1993年的短短11年间，也连续发生了5次坠冰事件。1995年，在浙江余杭也有一块较大陨冰碎成三块并落在东塘镇的水田中，估计原重 900 克。由于它当时得到了妥善的保护，又及时送到紫金山天文台，所以对于晴天坠冰之谜起到了很大的作用。

不可否认，其中难免也有鱼龙混杂，如 1984 年我国也对南昌一块"坠冰"做过报道，但不久就发现，这是几个青年所搞的恶作剧。但我们也决不能"把孩子与脏水一起倒掉"，因为陨冰可能来自彗星的彗核，包含有彗星以及太阳系形成之前的有关信息，是决不可怠慢的贵客。

猜测不已的"天火"

1871 年 10 月 8 日，是个星期天，美国芝加哥街上挤满狂欢的人群，就在大家兴致正浓的时候，谁也没有注意到天色逐渐昏暗。忽然，城东北一幢房子起火。消防队接到警报，还来不及抬出装备，第二个火警接踵而来，离第一个火警 3000 米外的圣巴维尔教堂也起火了。消防队立即分出一半人去教堂。紧接着，火警从四面八方传来，消防队东奔西跑，不知救哪处为好。

芝加哥是著名的"风城"，火借风势，越烧越旺，全城在第一个火警发出一个半小时后全部陷入火海之中，任何力量也没法抵御火神的进攻。惊慌失措的市民逃出房子，在街上瞎跑乱撞，都想找一个没火的保护所。平民

靠两条腿逃离火区。富人弃了马车，骑上惊马向市郊突围，一路踏死了不少人。幸亏火灾发生得早，人们均未入睡，然而全城被烧死和惊马踏死的竟有千余人，另有几百人在郊区公路上倒毙。

芝加哥城在密执安湖南岸，位于五大湖平原上，原是印第安人狩猎地，1834 年建市时人口不到 1000 人。随着农牧业的发展，森林、铁矿的开采，运河、铁路的接通，芝加哥成了暴发户，发生大火时人口已达 60 万，是当时世界肉类工业"首都"。

由于建筑物多属简陋木屋，火燃烧到翌日（10 月 9 日）上午，中心闹市已化为灰烬，17 000 座房屋全被烧毁。据救灾委员会报告，全城财产损失 1.5 亿美元（相当现在的 20 多亿美元），12.5 万人无家可归。那么，这场火灾的肇事者是谁呢？报纸说是一头母牛碰翻煤油灯，点燃了牛棚，蔓延于全城。人云亦云，市民深信不疑。

在现场指挥救火的消防队长麦吉尔，对这个轻率的结论嗤之以鼻，他在调查证词中说："到处是火。在短时间内燃遍全城的这场火灾，如果是由某间房子开始而蔓延成大面积，则完全不可能。……如果不是一场'飞火'，又怎能在一瞬间使全城燃成一片火海呢？"

目击者说："整个天空都好像烧起来了，炽热的石块纷纷从天而降……""火雨从头上落下"。同一天晚上，芝加哥周围的密歇根州、威斯康星州、内布拉斯加州、堪萨斯州、印第安纳州的一些森林、草原，也都发生火灾。这火是怎么烧起来的？靠湖边的一座金属造船台，被烧熔结成团，而其周围却无其他易燃的大建筑物。城内一尊大理石雕像烧熔了，这要多高的温度？木屋之火不过二三百摄氏度，不可能熔化金属和岩石。

几百人奋勇逃出火海，死里逃生，来到郊区的公路上。可是，他们离奇地集体倒毙了。尸检鉴定，他们的死却与火烧无关。

总之，谁也不相信一头母牛碰翻油灯烧掉芝加哥的鬼话。

对于这场大火的发生，科学家们提出种种解释和假设，但都不能自圆其说。

当时警察局抓了不少纵火嫌疑犯，可经过反复调查，又一一否定了他们作案的可能性。此事至今，仍是一个悬案。

百年过去了，人们对此谜的兴趣丝毫未减。近年来，天文学家对此事的发生又提出了一个很新颖的见解，认为这种无法解释的现象，与陨石雨有着很大的关系。因为，陨石带着巨大宇宙速度冲入地球大气层时，它的表面常常带有几千摄氏度的高温，这个温度使建筑物燃起大火是不足为奇的。

美国天文学家切姆别林、苏联天体物理学家尤里·柯甫捷夫等把疑问放在了"比拉彗星"身上，他们认为它是个"嫌疑犯"。

比拉彗星是奥地利军官冯·比拉 1826 年 3 月发现的。1872 年，人们等待它回归时，它却迟迟不露面。直到 11 月 27 日，才为人们洒下一场规模空前的大流星雨，如同节目的焰火，在 6 个小时之中，迸发出 16 万颗流星飘飘而下，十分壮观。

科学家们还把比拉彗星与另一件百年之谜——美国双桅帆船"玛丽亚·采列斯塔"号联系到一起。

1872 年初冬的一天，英国的一艘海帆船在距葡萄牙约 600 海里的大西洋上发现一条奇怪可疑的双桅帆船，它在无人控制的情况下随着波浪而漂荡。英国船员登上这条船后才发现，它空无一人，而餐桌上的刀叉齐全、杯盘完整，似乎在等候船员来用餐。在部长室里，人们发现一本摊开的航海日记，上边所记的最后时间是 11 月 24 日。

装有许多财宝、钱币的箱子都没上锁，也没有被动过，所有文件也原封没动。船员卧室绳子上还晾着洗净的内衣，床铺也很整齐。厨房内食品种类繁多，淡水也充足。货舱内的 2000 桶美酒，却奇怪地只剩下 1/3 左右，而且舱内充满了酒气。

最后人们发现，除了船上的救生艇不见外，其他什么东西都不少。船员在神秘中消失了。

后来有人这样假设事情的原因：当时此船在航行中，正赶上比拉彗星的流

星雨，顿时海上到处都是大大小小的火团，刺鼻的怪味，浓烈的烟雾，闪亮的火球把船给包围住了。正准备进餐的船长怕火团掉入舱内引爆酒精蒸汽，便急忙下令船员上救生艇逃命。但很不幸，救生艇刚刚驶离大船就被一颗较大的陨石击中，船员全部葬身大海，而那条"玛丽亚·采列斯塔"号船却奇迹般地保存下来。

当然，这仅是众家观点之一。多年来，人们提出了很多有趣的设想，如海盗抢劫、次声波、特大章鱼、乌贼偷袭、突然的气旋风暴，如今还有人，想到了飞碟与外星人。可是纵有千百种设想，都没有办法将这个疑团解开。

叹为观止的宇宙太空

宇宙世界也是大自然的重要组成部分，与外太空的浩瀚无边相比，地球就像一只小船漂在大海一样渺小。宇宙太空世界的神秘和广阔让我们惊叹，让我们认识到自我的渺小，认识到宇宙的广阔。

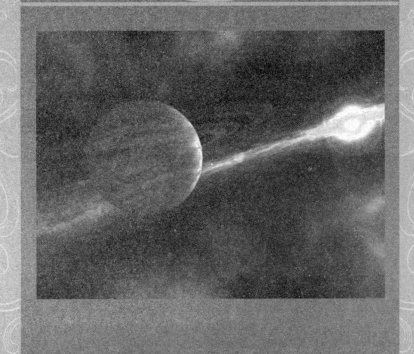

深藏不露的矮星系

　　美国航空航天局在很短的时间内，在巨大古老的星系中观察到了很多以前不为人知的矮星系。尽管矮星系的天体在整个宇宙当中属于较小的天体，但是，矮星系在宇宙进化当中起到了至关重要的作用。天文学家称也许宇宙中最先形成的就是矮星系，而且是矮星辰系构成了大的星辰。

　　矮星系是宇宙中最多的星系，其中天体也是宇宙星系中最多的，是它们组成了最几本的宇宙。宇宙进化的电脑模拟图也显示了宇宙中矮星的超高密度。在古老巨大的星系中矮星系的数目也许比天文学家预想的要多得多。

　　天文学家希金斯研究小组利用先进望远镜对整个后发座星系团进行了细致的研究，后发座星系团是一个巨大的由很多星系共同构成的集合体。它包括了数百个以前人类不熟悉的星系，跨度达到了20万光年。希金斯和他的研究人员

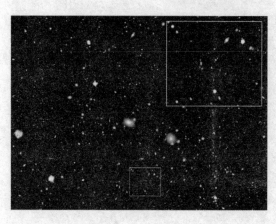

利用精确的高科技望远镜采集的数据来研究不同地域星系的数目对宇宙进化所产生的巨大影响。希金斯研究小组发现了大约3万个天体，这些天体的目录对天文学家来说是非常有用的。

　　有些天体和星系是位于后发座星系团中的，但是研究小组也

认识到有些人类的飞行物也是星系的一部分，但那不是星体。后来研究小组利用在西班牙的威廉射电望远镜测量出了在这一区域内数百个星系之间的距离，并且利用数据估计了哪些飞行物是属于星系的。天文学家发现了一个令人惊奇的现象，在后发座星系团中多出了许多天体，它们的大小和银河系中第二大星系一样巨大。希金斯由此判断也许是 1 200～30 000 个矮星在后发座星系团里，而且很多以前都是没有发现的。希金斯表示，所有观察到的这些只是一小部分，最后的结果可能是矮星系的数目最少也有 4 000 个。天文学家称现在之所以得到这些数据和发现是由于人类利用现有的工具能够更有效地研究整个宇宙。现在由于天空比以前暗了许多，所以能利用红外线观测到更远更小的天体或者星系。希金斯在出席一个于夏威夷召开的天文学会议时指出，利用高科技望远镜，现在人类可以观察到以前受技术所限而观测不到的上千个星体。

希金斯还表示宇宙中的矮星也许不是最重要的研究对象，但是下一步的主要工作还是继续对矮星以及矮星系进行进一步的研究和探索。并且后发座星系团中的奇怪现象也会继续深入调查，矮星在其中的作用和数目还不尽翔实。希金斯的研究小组准备利用一种分光镜测量法计算出后发座星系团中到底有多少小星体或者小星系是属于后发座的。

地球的命运归宿

茫茫宇宙中，无数星球按照既定的轨道在太空中运动着。那么它们会有失控的时候吗？目前人类所知道的唯一存在生命的星球——地球会遭遇与其他星球碰撞的命运吗？

有迹象表明，地球在史前时期曾有过被小行星撞击的现象。在美国亚利桑那州的可可尼诺郡有一个坑，宽约1300米、深达193米，周围的土堆达30~40米高，看起来仿佛是一个小型的月坑。长久以来人们一直认为它是一座死火山，但一个名叫巴林杰的矿石工程师却坚持认为这是陨石撞击的结果。现在，科学界把这个坑称为巴林杰陨石坑。坑口堆积有数千吨（也可能数百万吨）的陨石残块，虽然目前只发现一小部分，但从该地区及附近的陨石中所提取的铁远远高于从世界其他地方的陨石中所提取的铁的总量。1960年科学家们在这里发现了硅，从而证实是陨石的撞击产生了这些硅。因为硅的形成需要高压和高温，而这只能在陨石受冲击的瞬间完成。

据估计，大约是25 000年前一个直径46米左右的铁陨石撞击在这片荒无人烟的土地上造成了今天的巴林杰陨石坑，目前它保存得相当完好。在世界上大多数地区，水或植物的生长掩盖了许多类似的陨石坑。从飞机上观察，以前许多不引人注意的圆形凹陷地貌一下子展现在人们面前。其中，有的蓄满了水，有的覆盖了植物，它们几乎都是陨石坑。这种陨石坑在加拿大就有好几处，包括安大略中部的布伦特陨石坑和魁北克北部的查布陨石坑，它们的直径都有3千米或更大。加纳的亚山蒂陨石坑可能有100万年以上的历史，其直径达9.6千米，目前已知大约有70个类似的古老陨石坑，直径总和达137千米左右。

科学家发现，一些形同锅底的大小湖泊在中美洲的许多地方都能看到。此外，还有无数个巨大的石球也被人们发现了。在后来的古印第安人创作的浮雕

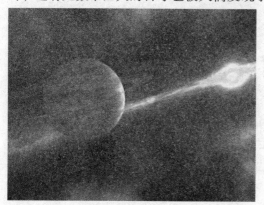

和壁画中，火球的图像也曾经多次出现过。因此，学者们推断，许多年前，陨石群曾持续不断地侵扰中美洲地区，古印第安人十分恐惧，于是纷纷逃离了家园。

然而地球遭受小行星撞击的概率究竟有多大？现已观测到近12

万颗小行星。在火星和木星运行轨道之间的一个宽阔的小行星带区，聚集着占以上总数99％的小行星，它们环绕太阳不停地运转，在既定的轨道内做着运动，一般不会对地球造成任何威胁。但个别小行星有可能由于大行星引力的影响而偏离原来运行的轨道，甚至可能会冲向地球轨道。

在数十万颗小行星中，那些近地的、被称为"阿波罗体"的小行星有可能真正对地球造成威胁。

所谓阿波罗型小行星体是指那些在近日点附近与太阳的距离小于1.67天文单位的小行星。据估计，阿波罗型小行星中直径在0.7～1.5千米的，有500～1000颗，它们真的可能对地球存在着潜在的威胁。

1997年1月20日，北京天文台的青年天文学家发现一颗更危险的近地小行星，它在运行到与地球轨道最近处时距离地球只有7.5万千米，还不到月地距离的1/5，它的直径达1.4千米。这颗小行星暂定编号为1997BR。如此大的小行星，它的轨道与地球轨道的距离又这么近，令科学家们非常震惊。全世界的天文学家都在密切关注这一重要发现。这颗获暂定编号的小行星成为有史以来被天文学家观测得最多的小行星。目前，它的动向受到天文学家们的密切注视。

揭开水星的面纱

地球到月球的距离是38万千米，而地球到水星的最近距离则是它们的200多倍，粗略计算也有7700万千米，又由于水星跟月球差不多大小，离太阳又这么近，所以我们很难清楚地看到这颗最靠近太阳的行星真面貌，就连专业天文学家也经常为看不到水星而苦恼。

多少年来一些天文科学家对水星进行着全方位的研究，都想看清它的真面貌，可在最好的情况下，从地球上看水星，也只能看到水星的一点光影。这是什么原因呢？因为看水星只能在东方天空太阳升起前的一个半钟头，或在西方天际太阳下落后的一个半钟头。此时此刻，太阳的光辉映衬着天空，水星被淹没在曙暮的水汽天光里。所以它真的难以露出它自己的身影。

有人说水星上有"水"，因为它的名字叫水星，其实这是人们的一种误解。科学家从现代天文观测的事实上证明，水星上没有水，起码可以说目前人们还没有在水星上发现水。

因为从"水手1号"对水星天气的观测结果表明，水星最高温427℃，最低温-173℃，水星表面没有任何液体水存在的痕迹。就算是给水星送去水，水星表面的高温会使液体和气体分子的运动速度加快，足以逃出水星的引力场。可又有人提出水星无水，可在它的周围的大气中似乎有水蒸气。这是为什么？

科学家们从水星光谱分析来看，发现水星确实有点大气，但在它的大气中却真的没有水。这已是人们普遍公认的事实。

水星的特色还不止这些，在它的身边，黑墨般的天空悬挂着巨大的太阳，比地球上看到的太阳大8倍，四周寂静无声，简直像一座炼狱，别以为水星只是个滚烫的星球，有时候又冷得吓人。在水里背向太阳的一面，由于没有大气起调节温度的作用，温度下降极为迅速，温度多在-163℃以下。水星的昼夜大约30天交换一次，即在一个月时间里，连续暴晒，接着一个月时间跌入寒夜，

真是一个火与冰的世界！这样的水星世界，对地球上任何已知的生命都意味着毁灭，那么在水星上又怎么可能有生命呢？

由于水星太靠近太阳了，在地球上是看不清楚水星真面貌的。

1973年11月4日，美国宇航局成功地把"水手10号"送上了飞向水星的旅程。在

1974 年 1 月和 9 月、1975 年 3 月，"水手 10 号"三次掠过水星表面，最近时距离只有 300 千米，拍摄了大量照片，再用电视发回地球，一幅又一幅清晰生动的画面向人们展现未曾看到也未曾料到的水星景象。

从这些照片看，水星表面和月球一样，到处凹凸起伏，环形山星罗棋布，高高的悬崖，挺立的峭壁，长长的峡谷幽深，绵延的山脉，辽阔的平原和盆地。远远看去，简直和月球的表面没有什么两样。

科学家们仔细地检查了"水手 10 号"所拍的全部照片，他们还是发现了水星和月球在地貌上的差别。

科学家们比较了环形山密布地区。水星多环形山，各山脉的中间地带有不少平坦的山间平原，这是在月球上基本看不到的。我们看到的月球表面上环形山是一个叠一个，彼此之间根本不存在平地。科学家认为，这是由于水星和月球表面引力不同的缘故。

水星表面到处还有不深的扇形峭壁，科学家们称为"舌状悬崖"，它高 1～2 千米，长达几百千米，这些悬崖被认为是巨大的褶皱，在月球表面是没有的。水星上最高的陡壁竟达 3 千米，它有时可绵延数百千米，堪称地貌奇绝。

然而，宇宙的奥妙无穷，常会有人们意想不到的事发生。虽然水星没有液体水，但是这里却"发现了真正的冰山"。

1991 年 8 月，水星飞到离太阳最近点，美国天文学家用 27 个雷达天线的巨型天文望远镜在新墨西哥州对水星观测，得出了破天荒的结论——水星表面的阴影处，存在着以冰山形式出现的水。

这些冰山直径为 15～60 千米，多达 20 处，其中最大的冰山可达到 130 千米。它们都是在太阳从未照射到的火山口内和山谷之中的阴暗处，那里的温度在 -170℃。它们都位于极地，那里通常在 -100℃，故这些冰山得以存在。这些隐藏了约 30 亿年前生成的冰山，由于水星表面的真空状态，冰山每 10 亿年才溶化 8 米左右。

天文学家是这样解释水星冰山形成的原因：水星在形成时，它的内核首先

凝固成一个整体后发生剧烈的抖动，使水星表面形成起伏的褶皱——水星高山；同时又由于水星表面火山爆发频繁，陨星和彗星又多次相冲击，水星表面坑坑洼洼，来自外星球的水便存于其中。也有人说水是水星原来就有的，但是两种观点还存有许多分歧。

启明星的数据分析

太阳系中的另一个距我们4000万千米的家族成员——金星，是距离地球最近的行星。

金星是太空中人们认为最为明亮的星星，它的亮度仅次于太阳和月亮。在空中，金星发出璀璨夺目的银白色亮光。

金星如此明亮的原因有两点：一方面，是因为它包裹着厚厚的云雾，这层云雾反射日光的本领很强，可以把75%以上的光反射回来，而且对红光反射能力又强于蓝光，所以，金星发出的白色光中，多少带点金黄的颜色；另一方面，金星距离太阳很近，除水星以外，金星是距太阳第二近的行星，它到太阳的距

离是10 800万千米，太阳照射到金星的光比照射到地球的光多一倍。所以，这颗行星显得特别明亮。

在我国古代，人们把它叫做"启明星"，意思是它象征了天快要亮了；可当它在傍晚前出现时，发出黄色的光，此时，人们又叫它"长庚星"，预言长夜来临了。"启明星""长庚

星"都是金星，它是晚上第一个出现和清晨最后一个隐没的星星。

美国在 1962 年发射"水手 2 号"以后，又在 1978 年 5 月 20 日和 8 月 8 日先后发射"先驱者金星"1 号和 2 号，其中"先驱者金星"2 号的探测器软着陆成功。至此，美国也先后有 6 个探测金星的飞船上天。它们发现金星的天空是橙黄色的。金星的高空有着巨大的圆顶状的云，它们离金星地面 48 千米以上，这些浓云像硕大无比的圆顶帐篷悬挂在空中反射着太阳光。这些橙黄色的云是什么呢？后来人们对其进行了科学的研究，发现这黄色的东西竟是具有强烈腐蚀作用的浓硫酸雾，厚度有 20～30 千米。因此，金星上若也下雨的话，下的便全是硫酸雨。由此看来，金星恐怕真是一块不毛之地。

我们地球的大气压只有一个大气压左右，在金星的固体表面，大气压是 95 个，几乎是地球大气的 100 倍，相当于地球海洋深处 1000 米的水压。人的身体是无法承受这么大的压力的。

金星的大气的成分主要是二氧化碳。二氧化碳占了气体总量的 96%，而氧仅占 0.4%，这与地球上大气的结构刚好相反。金星的二氧化碳比地球上的二氧化碳多出 1 万倍，这里常常电闪雷鸣，几乎每时每刻都有雷电发生。

地球上 40℃ 的高温已经让人受不了，但金星表面的温度高得吓人，竟然高达 460℃，足以把动植物都烤焦，而且在黑夜并不冰冻，夜间的岩石也像通了电的电炉丝发出暗红色光。金星怎么会有这么恐怖的高温呢？这是由二氧化碳的温室效应造成的。

温室效应使金星昼夜几乎没有温差，一年四季没有季节变化。

金星自转是行星中最独特的。自转与公转方向相反，是逆向自转。从金星看太阳，太阳是从西方升起，在东方落下。金星逆向自转，是科学家用雷达探测金星表面根据反向器回来的雷达波发现的。

165

未来的太阳系主人

太阳系八大行星中，木星称得上是鹤立鸡群：它的质量是地球质量的 318 倍，是其余 8 颗行星质量总和的 2.5 倍。它的体积是地球体积的 1316 倍，亦居八大行星之首，它是太阳系行星中的巨人。木星的英文名字叫"朱庇特"，它是罗马神话中的天神。这个名字起得非常有远见，用天神的神奇巨大和变幻莫测来形容木星是再恰当不过了。

木星是一个由液态氢构成的流体行星，没有固体表面。木星表面有一个最显著的特征，那就是在木星赤道以南有一块大红斑，它至少已存在 3 个半世纪，很可能还要长得多。它的大小有 3 个地球那么大，颜色一般都保持着红而略带棕色的调子，有时鲜明，有时暗淡且模糊。

大红斑究竟是什么？

1977 年"旅行者号"探测器查明它是木星云层中的一个特大漩涡，漩涡内的物质处于剧烈运动的状态，其剧烈程度是我们难以想象的。是什么原因使木星上形成如此之大的大红斑呢？又是什么原因使得它历时好几百年而不消失呢？现在尚无圆满的解释。

木星有 16 颗卫星，其数量之多仅次于土星。这些卫星的表面特征丰富多彩，各具特色。其中木卫一上面还有活火山，"旅行者 1 号"发现它至少有 8 个或 9 个活火山，其中的一个正以每秒 400 多米的迅猛速度向外喷射尘埃和气体等物质，看起来像是从卫星边缘上升起好几百千米的大喷泉。木卫一上火山爆发的延续时间，可能长达几个月到几年。木卫一是太阳系中除地球之外第一个发现有活火山的天体（第二个是海卫一）。

近年来，对木星的考察表明，木星正在向其周围宇宙空间释放巨大能量。它所放出的能量是它所获得太阳能量的两倍，这说明木星释放能量的一半以上来自它的内部。由于木星内部存在热源，同时还不断吸积着太阳放出的携能粒子，所以它本身所具有的能量越来越大。

众所周知，太阳之所以不断放射出大量的光和热，是因为在太阳内部时刻进行着核聚变反应，在核聚变过程中释放出大量的能量。木星是一个巨大的液态氢星球，本身已具备了无法比拟的天然核燃料，加之木星的中心温度目前已达到28万K，具备了进行热核反应所需的高温条件。至于热核反应所需的高压条件，就目前木星的收缩速度和对太阳放出的能量及携能粒子的吸积特性来看，木星再经过几十亿年的演化后，中心压可达到最初发生热核反应时所需的压力水平。

一旦木星上爆发了大规模的热核反应，以千奇百怪的漩涡形式运动的木星大气层将充当释放热核能的"发射器"。所以，有些科学家认为，再经过几十亿年后，木星将会改变它的身份，从一颗行星转变为一颗名副其实的恒星，那时，太阳系将成为双星而发生巨大的变化。

土星的神秘之处

土星是离太阳第六远的行星，也是八大行星中第二大的行星。

在罗马神话中，土星是农神的名称。希腊神话中的农神是天王星和该亚的儿子，也是宙斯（木星）的父亲。土星也是英语中"星期六"（Saturday）的

词根。

土星在史前就被发现了。伽利略在 1610 年第一次通过望远镜观察到它，并记录下它的奇怪运行轨迹，但也被它给搞糊涂了。早期对于土星的观察十分复杂，这是由于当土星在它的轨道上时，每过几年，地球就要穿过土星光环所在的平面。直到 1659 年惠更斯正确地推断出光环的几何形状。在 1977 年以前，土星的光环一直被认为是太阳系中唯一存在的；但在 1977 年，在天王星周围发现了暗淡的光环，在这以后不久，木星和海王星周围也发现了光环。

先锋 11 号在 1979 年首先去过土星周围，同年又被旅行家 1 号和 2 号访问。

通过小型的望远镜观察也能明显地发现土星是一个扁球体。它赤道的直径比两极的直径大了大约 10%（赤道为 120 536 千米，两极为 108 728 千米），这是它快速的自转和流质地表的结果。其他的气态行星也是扁球体，不过没有这样明显。

土星是最疏松的一颗行星，它的比重（0.7）比水的还要小。

与木星一样，土星是由大约 75% 的氢气和 25% 的氦气以及少量的水、甲烷、氨气和一些类似岩石的物质组成。这些组成类似形成太阳系时，太阳星云物质的组成。

土星内部和木星一样，有一个岩石核心，一个具有金属性的液态氢层和一个氢分子层，同时还存在少量的各式各样的冰。

土星的内部是剧热的（在核心可达 12 000K），并且土星向宇宙发出的能量比它从太阳获得的能量还要大。大多数的额外能量与木星一样是由 Kelvin-Helmholtz 原理产生的。但这可能还不足以解释土星的发光本领，一些其他的作用可能也在进行，可能是由于土星内部深层处氦的"冲洗"造成的。

木星上的明显的带状物在土星上则模糊许多，在赤道附近变得更宽。由地球无法看清它的顶层云，所以直到旅行者飞船偶然观测到，人们才开始对土星的大气循环情况开始研究。土星与木星一样，有长周期的椭圆轨道以及其他的大致特征。在 1990 年，哈勃望远镜观察到在土星赤道附近一个非常大的白色的云，这是当旅行者号到达时并不存在的；在 1994 年，另一个比较小的风暴被观测到。

从地球上可以看到两个明显的光环（A 和 B）和一个暗淡的光环（C），在 A 光环与 B 光环之间的间隙被称为"卡西尼部分"。一个在 A 光环的外围部分更为暗淡的间隙被称为"EnckeGap"（但这有点用词不当，因为它可能从没被 Encke 看见过）。旅行者号发送回的图片显示还有四个暗淡的光环。土星的光环与其他星的光环不同，它是非常明亮的（星体反照率为 0.2 ~ 0.6）。

尽管从地球上看光环是连续的，但这些光环事实上是由无数在各自独立轨道的微小物体构成的。它们的大小的范围由 1 厘米到几米不等，也有可能存在一些直径为几千米的物体。

土星的光环特别地薄，尽管它们的直径有 25 万千米甚至更大，但是它们最多只有 1.5 千米厚。尽管它们有给人深刻印象的明显的形象，但是在光环中只有很少的物质——如果光环被压缩成一个物件，它最多只可能是 100 千米宽。

光环中的微粒可能主要是由水凝成的冰组成，但它们也可能是由冰裹住外层的岩石状微粒。

旅行者号证实令人迷惑的半径的不均匀性在光环中的确存在，这被叫作"spokes（辐条）"，这是首先由一个业余天文学家报道的。它们的自然本性带给了我们一个谜，但使得我们有了弄清土星磁场区的线索。

土星最外层的光环，是由一些更小的光环组成的繁杂构造，它的一些"绳结（Knots）"是很明显的。科学家们推测这些所谓的结可能是块状的光环物质或是一些迷你的月亮。这些奇怪的织状物在旅行者 1 号发回的图

像中很明显，但它们在旅行者 2 号发回的图像中看不见，可能是因为后者拍到的光环部分的成分与前者的略有不同。

土星的卫星之间和光环系统中有着复杂的潮汐共振现象。一些卫星，所谓的"牧羊卫星"（如土卫十五，土卫十六和土卫十七）对保持光环形状有着明显的重要性；土卫一看来应对卡西尼部分某种物质的缺乏负责任，这与小行星带中 Kirkwoodgaps 遇到的情况类似；土卫十八处于 EnckeGap 中。整个系统太复杂，我们所掌握的信息还很贫乏。

土星（以及其他类木行星）的光环的由来还不清楚，尽管它们可能自从形成时就有光环，但是光环系统是不稳定的，它们可能在前进过程中不断更新，也可能是比较大的卫星的碎片。

像其他类木行星一样，土星有一个极有意义的磁场区。

在无尽的夜空中，土星很容易被眼睛看到。尽管它可能不如木星那么明亮，但是它很容易被认出是颗行星，因为它不会像恒星那样"闪烁"。光环以及它的卫星能通过一架小型业余天文望远镜观察到。MikeHarvey 的行星寻找图表指出此时水星在天空中的位置（及其他行星的位置），再由 StarryNight 这个天象程序作更多更细致的定制。

土星有 18 颗被命名的卫星，比其他任何行星都多。还有一些小卫星还将被发现。

在那些旋转速度已知的卫星中，除了土卫九和土卫七以外都是同步旋转的。

有三对卫星，土卫一—土卫三，土卫二—土卫四和土卫六—土卫七由万有引力的互相作用来维持它们轨道间的固定关系。土卫一公转周期恰巧是土卫三的一半，它们可以说是在 1：2 共动关系中，土卫二—土卫四的也是 1：2；土卫六—土卫七的则是 3：4 关系。

除了 18 颗被命名的卫星以外，至少已有一打以上已经被报道了，并且已经给予了临时的名称。

天王星的全面定义

天王星主要是由岩石与各种成分不同的水冰物质所组成，其组成主要元素为氢（83%），其次为氦（15%）。在许多方面天王星（海王星也是）与大部分都是气态氢组成的木星与土星不同，其性质比较接近木星与土星的地核部分，而没有类木行星包围在外的巨大液态气

体表面（主要是由金属氢化合物气体受重力液化形成）。天王星并没有土星与木星那样的岩石内核，它的金属成分是以一种比较平均的状态分布在整个地壳之内。直接以肉眼观察，天王星的表面呈现洋蓝色，这是因为它的甲烷大气吸收了大部分的红色光谱。

内部结构

天王星的质量大约是地球的 14.5 倍，是类木行星中质量最小的，它的密度是 1.29 克/厘米；只比土星高一些。直径虽然与海王星相似（大约是地球的 4 倍），但质量较低。这些数值显示它主要由各种各样挥发性物质，如水、氨和甲烷组成。天王星内部冰的总含量还不能精确知道，根据选择的模型不同有不同的含量，但是总在地球质量的 9.3 ~ 13.5 倍。氢和氦在全体中只占很小的部分，在 0.5 ~ 1.5 倍地球质量。剩余的质量（0.5 ~ 3.7 倍地球质量）才是岩石物质。

天王星的标准模型结构包括三个层面：在中心是岩石的核，中间是冰的地

函，最外面是氢/氦组成的外壳。相比之下核非常小，只有0.55倍地球质量，半径不到天王星的20%；地函则是个庞然大物，质量大约是地球的13.4倍；而最外层的大气层则相对上是不明确的，大约扩展占有剩余20%的半径，但质量大约只有地球的0.5倍。天王星核的密度大约是9克/厘米；在核和地函交界处的压力是8百万巴和大约5 000K的温度。冰的地函实际上并不是由一般意义上所谓的冰组成，而是由水、氨和其他挥发性物质组成的热且稠密的流体。这些流体有高导电性，有时被称为水—氨的海洋。天王星和海王星的大块结构与木星和土星相当不同，冰的成分超越气体，因此有理由将它们分开另成一类为冰巨星。

上面所考虑的模型或多或少都是标准的，但不是唯一的，其他的模型也能满足观测的结果。例如，如果大量的氢和岩石混合在地函中，则冰的总量就会减少，并且相对的岩石和氢的总量就会提高；目前可利用的数据还不足以让我们确认哪一种模型才是正确的。天王星内部的流体结构意味着没有固体表面，气体的大气层是逐渐转变成内部的液体层内。但是，为便于扁球体的转动，在大气压力达到1巴之处被定义和考虑为行星的表面时，它的赤道和极的半径分别是（25 559±4）千米和（24 973±20）千米。这样的表面将作为这篇文章中高度的零点。

内热

天王星的内热看上去明显比其他的类木行星为低，在天文的项目中，它是低热流量。目前仍不了解天王星内部的温度为何会如此低，大小和成分与天王星像是双胞胎的海王星，放出至太空中的热量是得自太阳的2.61倍；相反，天王星几乎没有多出来的热量被放出。天王星在远红外（也就是热辐射）的部分释出的总能量是大气层吸收自太阳能量的（1.06±0.08）倍。事实上，天王星的热流量只有（0.042±0.047）瓦/平方米，远低于地球内的热流量0.075瓦/平方米。天王星对流层顶的温度最低温度纪录只有49K，使天王星成为太阳系温度最低的行星，比海王星还要冷。

在天王星被超重质量的锤碎机敲击而造成转轴极度倾斜的假说中，也包含了内热的流失，因此留给天王星一个内热被耗尽的核心温度。另一种假说认为在天王星的内部上层有阻止内热传达到表面的障碍层存在，例如，对流也许仅发生在一组不同的结构之间，也许禁止热能向上传递。

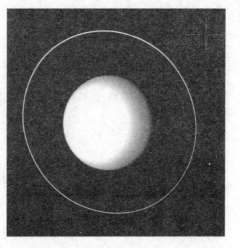

海洋

根据旅行者 2 号的探测结果，科学家推测天王星上可能有一个深度达 10 000 千米、温度高达 6 650℃，由水、硅、镁、含氮分子、碳氢化合物及离子化物质组成的液态海洋。由于天王星上巨大而沉重的大气压力，令分子紧靠在一起，使得这高温海洋未能沸腾及蒸发。反过来，正由于海洋的高温，恰好阻挡了高压的大气将海洋压成固态。海洋从天王星高温的内核（高达 6 650℃）一直延伸到大气层的底部，覆盖整个天王星。必须强调的是，这种海洋与我们所理解的、地球上的海洋完全不同。然而，近年却有观点认为，天王星上不存在这个海洋。真相如何，恐怕只有待进一步的观测。

大气层

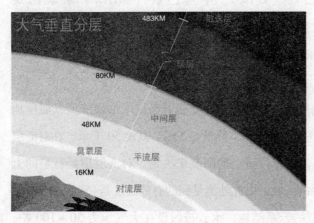

大气垂直分层

483KM 散逸层
广呼层
80KM
48KM 中间层
臭氧层 平流层
16KM
对流层

虽然在天王星的内部没有明确的固体表面，天王星最外面的气体包壳，也就是被称为大气层的部分，却很容易以遥传感量。遥传感量的能力可以从 1 帕之处为起点向下深入至 300 千米，相当于 100 帕的大气

压力和 320K 的温度。稀薄的晕从大气压力 1 帕的表面向外延伸扩展至半径两倍之处，天王星的大气层可以分为三层：对流层，高度 300~50 千米，大气压 100~0.1 帕；平流层（同温层）高度 50~4000 千米，大气压力 0.1~10⁻¹⁰ 帕；增温层/晕，从 4000 千米向上延伸至距离表面 50 000 千米处。没有中气层（散逸层）。

成分

天王星大气层的成分和天王星整体的成分不同，主要是氢分子和氦。氦的摩尔分数，就是每摩尔中所含有的氦原子数量，是 0.15±0.03；在对流层的上层，相当于 0.26±0.05 质量百分比。这个数值很接近 0.275±0.01 的原恒星质量百分比。显示在气体的巨星中，氦在行星中是不稳定的。在天王星的大气层中，含量占第三位的是甲烷（CH_4）。甲烷在可见和近红外的吸收带为天王星制造了明显的蓝绿或深蓝的颜色。在大气压力 1.3 帕的甲烷云顶之下，甲烷在大气层中的摩尔分数是 2.3%，这个量是太阳的 20~30 倍。混合的比率在大气层的上层由于极端的低温，降低了饱和的水平并且造成多余的甲烷结冰。对低挥发性物质的丰富度，像氢、水和硫化氢，在大气层深处的含量所知有限，但是大概也会高于太阳内的含量。除甲烷之外，在天王星的上层大气层中可以追踪到各种各样微量的碳氢化合物，被认为是太阳的紫外线辐射导致甲烷光解产生。包括乙烷（C_2H_6），乙炔（C_2H_2），甲基乙炔（CH_3C_2H）和联乙炔（C_2HC_2H）。光谱也揭露了水蒸气的踪影，一氧化碳和二氧化碳在大气层的上层，但可能只是来自于彗星和其他外部天体的落尘。

对流层

对流层是大气层最低和密度最高的部分，温度随着高度增加而降低，温度从有名无实的底部大约 320K，高度 300 千米，降低至 53K，高度 50 千米。在对流层顶实际的最低温度在 49~57K，依在行星上的高度来决定。对流层顶是行星的上升暖气流辐射远红外线最主要的区域，由此处测量到的有效温度是（59.1±0.3）K。

对流层应该还有高度复杂的云系结构，水云被假设在大气压力 50~100 帕，氨氢硫化物云在 20 ~ 40 帕的压力范围内，氨或氢硫化物云在 3 ~ 10 帕，最后是直接侦测到的甲烷云在 1 ~ 2 帕。对流层是大气层内动态非常充分的部分，展现出强风、明亮的云彩和季节性的变化。

上层大气层

天王星大气层的中层是平流层，此处的温度逐渐增加，从对流层顶的 53K 上升至增温层底的 800 ~ 850K。平流层的加热来自于甲烷和其他碳氢化合物吸收的太阳紫外线和红外线

辐射，大气层的这种形式是甲烷的光解造成的。来自增温层的热也许也值得注意。碳氢化合物相对来说只是很窄的一层，高度在 100 ~ 280 千米，相对于气压是 10 微帕至 0.1 微帕，温度在 75 ~ 170K。含量最多的碳氢化合物是乙炔和乙烷。更重的碳氢化合物、二氧化碳和水蒸气，在混合的比率上还要低三个数量级。乙烷和乙炔在平流层内温度和高度较低处与对流层顶倾向于凝聚而形成数层阴霾的云层，那些也可能被视为出现在天王星上的云带。然而，碳氢化合物集中在天王星平流层阴霾之上的高度比其他类木行星的高度要低是值得注意的。

天王星大气层的最外层是增温层或晕，有着均匀一致的温度，在 800 ~ 850K。目前仍不了解是何种热源支撑着如此的高温，虽然低效率的冷却作用和平流层上层的碳氢化合物也能贡献一些能源，但即使是太阳的远紫外线和超紫外线辐射，或是极光活动都不足以提供所需的能量。除此之外，氢分子和增温层与晕拥有大比例的自由氢原子，它们的低分子量和高温可以解释为何晕可以从行星扩展至 50 000 千米，天王星半径的两倍远。这个延伸的晕是天王星的一个独特特点。它的作用包括阻尼环绕天王星的小颗粒，导致一些天王星环中尘粒的耗损。天王星的增温层和平流层的上层对应着天王星的电离层。观测显示电离层

占据 2000 ~ 10 000 千米的高度。天王星电离层的密度比土星或海王星高，这可能肇因于碳氢化合物在平流层低处的集中。电离层是承受太阳紫外线辐射的主要区域，它的密度也依据太阳活动而改变。极光活动不如木星和土星的明显和重大。

行星环

天王星有一个暗淡的行星环系统，由直径约十米的黑暗粒状物组成。它是继土星环之后，在太阳系内发现的第二个环系统。目前已知天王星环有 13 个圆环，其中最明亮的是 ε 环。天王星环被认为是相当年轻的，在圆环周围的空隙和不透明部分的区别，暗示它们不是与天王星同时形成的，环中的物质可能来自被高速撞击或潮汐力粉碎的卫星。

环的发现日期是 1977 年 3 月 10 日，在 James L. Elliot、Edward W. Dunham、和 Douglas J. Mink 使用柯伊伯机载天文台观测时。这个发现是很意外的，他们原本的计划是观测天王星掩蔽 SAO158687 以研究天王星的大气层。然而，当他们分析观测资料时，他们发现在行星掩蔽的前后，这颗恒星都曾经短暂地消失了五次。他们认为，必须有个环系统围绕着行星才能解释。旅行者 2 号在 1986 年飞掠过天王星时，直接看见了这些环。旅行者 2 号也发现了两圈新的光环，使环的数量增加到 7 圈。

在 2005 年 12 月，哈勃太空望远镜侦测到一对早先未曾发现的蓝色圆环。

最外围的一圈与天王星的距离比早先知道的环远了两倍，因此新发现的环被称为环系统的外环，使天王星环的数量增加到 13 圈。哈柏同时也发现了两颗新的小卫星，其中的 Mab 还与最外面的环共享轨道。在 2006 年 4 月，凯克天文台公布的新环影像中，外环的一圈是蓝色的，另一圈则是红色的。

关于外环颜色是蓝色的一个假说是，它由来自 Mab 的细小冰微粒组成，因此能散射足够多的蓝光。天王星的内环看起来是呈灰色的。

卫星

目前已知天王星有 27 颗天然的卫星，这些卫星的名称都出自莎士比亚和蒲伯的歌剧中。五颗主要卫星的名称是米兰达、艾瑞尔、乌姆柏里厄尔、泰坦尼亚和欧贝隆。第一颗和第二颗（泰坦尼亚和欧贝隆）是威廉·赫歇耳在 1787 年 3 月 13 日发现的，另外两颗艾瑞尔和乌姆柏里厄尔是在 1851 年被威廉·拉索尔发现的。在 1852 年，威廉·赫歇耳的儿子约翰·赫歇耳才为这四颗卫星命名。到了 1948 年杰勒德 P. 库普尔发现第五颗卫星米兰达。

天王星卫星系统的质量是气体巨星中最少的，的确，五颗主要卫星的总质量还不到崔顿的一半。最大的卫星，泰坦尼亚，半径 788.9 千米，还不到月球的一半，但是比土星第二大的卫星 Rhea 稍大些。这些卫星的反照率相对也较低，乌姆柏里厄尔约为 0.2，艾瑞尔约为 0.35（在绿光）。这些卫星由冰和岩石组成，大约是 50% 的冰和 50% 的岩石，冰也许包含氨和二氧化碳。

在这些卫星中，艾瑞尔有着最年轻的表面，上面只有少许的陨石坑；乌姆柏里厄尔看起来是最老的。米兰达拥有深达 20 千米的断层峡谷，梯田状的层次和混乱的变化，形成令人混淆的表面年龄和特征。有种假说认为米兰达在过去可能遭遇过巨型的撞击而被完全分解，然后又偶然地重组起来。

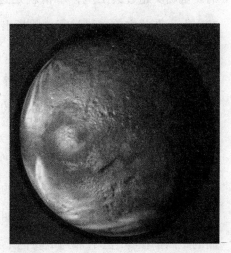

1986 年 1 月，旅行者 2 号太空船飞越过天王星，在稍后研究照片时，发现了 Perdita 和 10 颗小卫星。后来使用地面的望远镜也证实了这些卫星的存在。

2006 年，原来身为八大行星之一的

冥王星惨遭"降级"，从此以所谓的矮行星的身份示人。但冥王星并没有就此终结自己不幸的命运，又一次遭遇"降级"。

美国《科学》杂志公布的计算结果显示，不再被天文学家视为行星的冥王星实际上也并非是太阳系中最大的矮行星，它的个头要小于最近发现的矮行星——厄里斯。利用哈勃天文望远镜和位于夏威夷的凯克天文台收集的数据，加州理工学院的迈克尔布朗和艾米丽舒勒第一次确定，厄里斯的质量要超过冥王星。

厄里斯是在 2005 年发现的，名字来源于古希腊一位女神。根据布朗和舒勒的发现，它的质量高出冥王星 27%。布朗说，厄里斯的体积大约是地球的卫星——月球的一半。

以古希腊阴间之神的名字命名的冥王星是在 1930 年发现的。一直以来，它便被认定为太阳系八大行星之一。2006 年 8 月，国际天文联合会宣布将冥王星"降级"为矮行星。所谓的矮行星指的是太阳系中体积较小的圆形天体，它们绕太阳轨道运转，主要分布在一个被称之为"柯伊伯带"的外部区域。

布朗是一名行星天文学教授，冥王星惨遭"降级"便有他的一份功劳。他介绍说："我不认为我们是在捉摸冥王星，这不过是事实罢了，它（厄里斯）的质量确实超过冥王星，事情就是这样。"布朗和舒勒的发现刊登在《科学》杂志上。在此之前，科学家也曾指出，厄里斯的直径要大于冥王星，但并不知道它的质量。

类似冥王星、厄里斯这样的天体不可能成为一个理想的度假之所，因为这两个家伙均位于太阳系偏远而冰冷的地区。新的数据显示，厄里斯可能是由冰和岩石组成的，与冥王星非常类似。布朗说："它由一层近乎完美的，统一的白霜所覆盖，就像是一个白色的撞球。"

冥王星和厄里斯绕太阳旋转时的轨道均是椭圆形而非圆形。厄里斯的轨道非常长，绕行一周需要 560 年。布朗说，无论在轨道的哪一个点，它与地球之间的距离都在 56 亿千米到 160 亿千米之间。冥王星绕轨道运行一周需要 250

年，有时也会进入太阳系最外面的行星——海王星的轨道，它与地球之间的距离最远可达 80 亿千米。拥有一颗小卫星的厄里斯直径为 2400 千米，较冥王星相比超大一点，后者的直径为 2250 千米。

布朗表示，太阳系中大约有 50 个已知天体可以被判定为矮行星，包括一些体积与厄里斯和冥王星接近的天体。冥王星已经习惯于以"第二"的身份亮相世人了。"它是迄今为止发现的第二大矮行星，也是柯伊伯带中的第二大天体。坐上第二把交椅的感觉应该是相当不错的。我觉得它会喜欢的。"

恒星到底怎样定义

恒星，通俗地解释为永恒不变的星座。

晴朗的夜空，繁星满天。人们用肉眼看到的星星，除了太阳系内的五颗大行星（水、金、火、木和土星）和流星及彗星之外，整个天空中的星星都是永恒不变的恒星。恒星是由炽热气体所组成并能自己产生能量发光的球状或类球状天体，没有固态的表面，气体通过自身引力聚集成星球。由于它们的位置看上去亘古不变，古人因此称之为"恒星"。

中国古代早期曾给恒星的名字归纳为几种类型，根据恒星所在的天区命名，如天关星、北河二、北河三、南河三、天津四、五车二和南门二等；根据神话故事的情节来命名，如牛郎星、织女星、北落师门、天狼星和老人星等；根据中国二十八宿命名，如角宿一、心宿二、娄宿三、参宿四和毕宿五等；根据恒星的颜色命星，如大火星（心宿二）；冠以特殊名称，这就是最早星座的萌芽。

许多古老的民族都有关于恒星天空的划分方法，并给每个星区编织了生动

的神话故事。直到 1928 年，国际天文学联合会决定，将全天空划分成 88 个星区，或叫星座。在这 88 个星座中，沿黄道天区有 12 个星座。它们是双鱼座、白羊座、金牛座、双子座、巨蟹座、狮子座、室女座、天秤座、天蝎座、人马座、摩羯座、宝瓶座。

除此之外，北半球有 29 个星座。它们是小熊座、大熊座、天龙座、天琴座、天鹰座、天鹅座、武仙座、海豚座、天箭座、小马座、狐狸座、飞马座、蝎虎座、北冕座、巨蛇座、小狮座、猎犬座、后发座、牧夫座、天猫座、御夫座、小犬座、三角座、仙王座、仙后座、仙女座、英仙座、猎户座、鹿豹座。

南半球有 47 个星座。它们是唧筒座、天燕座、天坛座、雕具座、大犬座、船底座、半人马座、鲸鱼座、堰蜒座、圆规座、天鸽座、南冕座、乌鸦座、巨爵座、南十字座、剑鱼座、波江座、天炉座、天鹤座、时钟座、长蛇座、水蛇座、印第安座、天兔座、豺狼座、山案座、显微镜座、麒麟座、苍蝇座、矩尺座、南极座、蛇夫座、孔雀座、凤凰座、绘架座、南鱼座、船尾座、罗盘座、网罟座、玉夫座、盾牌座、六分仪座、望远镜座、南三角座、杜鹃座、船帆座、飞鱼座。

这 88 个星座大小不一，形态各异。有时颜色也不尽相同，看起来呈五颜六色，十分美丽。每当夜晚，一般人都会把天上的星星看成一种颜色，其实我们所看到的夜空中那些闪烁的星星不都是一种颜色，而是异彩纷呈。

细心一点的观星者一眼就可以看出恒星的颜色不一样，它们有红色、黄色、蓝色和白色等，其中黄色居多。那么，恒星究竟为什么有这么多种多样的诱人色彩呢？

一般人都看到过炼钢厂出钢时的钢花。当钢水在钢炉里的时候，由于温度很高，它的颜色呈蓝白色，钢水出炉后，随着温度慢慢降低，它的颜色也变为白色，再变成黄色，再由黄变红，最后变成黑色。可见，物体的颜色受物体温度控制，天上的星星也是如此。它们的不同颜色代表星体表面温度的不同。天体的温度不同，它们发出的光在不同波段的强度是不一样的。从恒星光谱图我们可以知道，不同颜色代表不同的温度。一般说来，蓝色恒星表面温度在25 000℃以上，如参宿七、水委一、马腹一（甲星）、十字架二（甲星）和轩辕十四等。白色恒星表面温度在11 500～7700℃，如天狼星、织女星、牛郎星、北落师门和天津四等。黄色恒星表面温度在6000～5000℃，如参宿四和心宿二等。

太阳的表面温度约6000℃，照理讲，太阳应是一颗黄色的恒星，为什么我们白天看见的太阳是发出耀眼的白光呢？其实，这是因为太阳离我们较近的缘故。如果有机会乘宇宙飞船到离太阳较远的地方，你会发现，原来太阳也是一颗黄色的星星。而美丽的朝霞和晚霞绽放红光的原因是因为地球大气对太阳光七种颜色中的红光折射偏角最大的原因引起的。

宇宙浩渺，离我们最近的太阳系外恒星也有近40万亿千米的路程。有时我们站在高高的山上，仰望夜空，星光点点，好像星星就在我们的头上，离我们很近，而实际上呢？它离我们的距离实在太遥远太遥远了。根据现代科技观测，在银河系内的1000亿颗恒星中，距太阳最近的恒星是半人马座的比邻星，它离太阳也有4.2光年，即约40万亿千米，即光要走4.2年才能到达地球最近的一颗恒星。

天狼星距太阳约8.6光年。这已是离太阳比较近的恒星了。牛郎星距离地球15.7光年，织女星距离地球27光年，两者相距11光年。神话传说中的"牛郎织女鹊桥相会"看来太难实现了。因为即使乘现代最先进的火箭，从此地到彼地，也需要几百年。

以上仅仅是指银河系里的一些恒星，而银河系之外的一些星系，离我们就更远了。如织女座有一个星系团，离地球有2000万光年，后发星座的一个星系团离我们有2亿4千万光年，北冕星座里有一个星系，离我们有7亿光年，就是说，光从那里照射到我们地球，需要整整7亿年。

夜空中闪烁的点点繁星，从我们地球上看来，好像是很微不足道。其实这些小光点，根据现在研究结果表明，它们不是小得可怜，而是大得惊人！

众所周知，太阳的直径是地球的 109 倍，体积是地球的 130 万倍，而在恒星世界中，太阳顶多算中等个儿。比如牛郎星的直径是太阳的 1.7 倍，织女星的直径是太阳的 2.8 倍，天津四的直径是太阳的 106 倍，参宿四的直径是太阳的 900 倍，仙王座 VV 星的直径是太阳的 1600 倍，即仙王座 VV 星的直径约有 22 亿千米，它真正可称得上恒星之王。

当然，恒星世界里也有体积很小的恒星，比如与地球差不多大小的白矮星，甚至半径仅十几千米的中子星。恒星的质量一般介于地球质量 20 000 倍至 4000 万倍之间，近些年来的研究结果已充分说明，恒星的质量大都在太阳质量的百分之几至 120 倍之间，也就是说它们是地球质量的 20 000 倍至 4000 万倍之间。质量如果过大，它就会爆炸；质量如果过小，它的中心就不会形成很高的温度，也就不会成为恒星。

现在已知质量最大的恒星是 HD93250 星，它的质量是太阳的 120 倍；仙王座 VV 星质量是太阳的 60 倍；织女星的质量是太阳的 2.4 倍；牛郎星质量是太阳的 1.6 倍；恒星之间的体积可以相差 1000 万亿倍，而质量相差仅 1000 余倍，可见恒星之间是有密度差别的。太阳质量是地球的 33 万倍，可见地球质量与恒星相比，仍是轻得可怜。

有人说恒星是不动的，你天天看它都在一个地方，其实这是一种误解。在我们看来，恒星好像是固定不动。实际上，宇宙间一切物体都在高速运动着，恒星也一样。我们没有感觉到恒星的运动，是因为恒星离我们太遥远太遥远的原因。

每颗恒星都有自己的运动方向和速度。地球上的飞机与火箭，比起恒星的运动就好像太慢了，还不如乌龟爬行。目前，已测出了万颗恒星的宇宙空间运动速度。如毕宿五以 54 千米/秒的速度在离开我们，北极星以 17 千米/秒的速度向我们奔来，织女星以 14 千米/秒的速度向我们奔来。在向我们飞来的恒星中，跑得最快的是武仙星座中 VX 星，它以 405 千米/秒的速度飞奔着向我们而来，即使一路顺利，它也要 20 亿年的时间才能靠近"太阳系"。在离我们而去的恒星天鸽座的 BD 星，它以500千米/秒的速度离我们远去。

同时，太阳作为一颗恒星，它携带着太阳系全体成员，也以20千米/秒的速度朝武仙座方向运动。

如此众多的恒星在宇宙空间各自高速运动着，它们会不会相撞呢？特别是与太阳相撞呢？科学家现已算出这种碰撞的概率，即相当于距离4000千米的两个蚂蚁相对爬行，它们能否相撞就可想而知了。

恒星的体温

这个问题的答案取决于你所说的是什么样的恒星，以及你所指的是恒星的哪一个部位。

在我们能观测到的恒星中，99%以上都和太阳一样，属于称为"主序星"的一类。至于恒星的温度，我们一般是指恒星的表面温度。下面我们就从这里谈起。

任何恒星都具有一种在其自身的引力作用下发生坍缩的倾向，但是当它坍缩时，它的内部会变得越来越热。而当它的内部温度越来越高时，这颗恒星就有一种发生膨胀的倾向。最后，两种倾

向会达到平衡。结果，这颗恒星便达到了某种固定的大小。一颗恒星的质量越大，为了平衡这种坍缩所需要的内部温度就越大，因而它的表面温度也就越高。

太阳是一颗中等大小的恒星，它的表面温度为 6 000℃。质量比它小的恒星，其表面温度也比它低，有一些恒星的表面温度只有 2 500℃左右。

质量比太阳大的恒星，其表面温度也比太阳高，可达 10 000 ~ 20 000℃，甚至更高。在所有已知的恒星中，质量最大因而温度最高、亮度最大的恒星，其稳定的表面温度至少可达 50 000℃，甚至可能更高。也许可以大胆地说，主序星的最高的稳定表面温度可以达到 80 000℃。

为什么不能再高呢？质量再大的恒星，其表面温度会不会比这还要高呢？到这里，我们不得不停下来。因为，一颗普通恒星，如果具有这样大的质量，以致它的表面温度竟高达 80 000℃以上，那么，这颗恒星内部的极高温度就会使它发生爆炸。在爆炸时，也许在瞬间会产生比这高得多的温度，然而当它爆炸之后，剩下来的将是一颗更小和更冷的恒星。

但是，恒星的表面并不是温度最高的部分。热会从它的表面向外传播到该恒星周围的一层很薄的大气层（亦即它的"日冕"）。这里的热量从总量上说虽然不算大，但是，由于这里的原子数量同该恒星本身的原子数量相比是很少很少的，以致每一个原子可以获得大量的热供应。又因为我们以每一个原子的热能作为测量温度的标准，所以，日冕的温度高达 100 万摄氏度。

此外，恒星的内部温度也比其表面温度高得多。要使恒星的外层能够战胜巨大的向里拉的引力，就必须是这样。已经探明，太阳中心的温度大约为 1500 万摄氏度。自然，那些质量比太阳大的恒星，它们不但表面温度更高，中心温度也同样会更高。同时，对于具有一定质量的恒星来说，其核心的温度一般总是随着它的年龄的增长而越来越高的。有一些天文学家曾试图计算出，在整个恒星爆炸的前夕，其核心的温度可以达到多少度。我所看到的其中一种估算，认为最高可达到 60 千万摄氏度。

那些不属于主序星的天体，其温度有多高呢？尤其是那些在 20 世纪 60 年代新发现的天体，其温度可达到多少度呢？如脉冲星的温度可能达到多少度呢？有些天文学家认为，脉冲星实际上就是非常致密的"中子星"，这种中子星的质量虽然和一颗普通恒星一样大，但是它的直径只有十几千米。这样的中子星的核心温度会不会超过 60 千万摄氏度这个"最大值"呢？此外，还有类星体，有人认为类星体可能是由数百万颗普通恒星坍缩而成的，既然如此，这种类星体的核心温度又有多高呢？

所有这些问题，迄今为止，还没有人能够回答。

恒星间的吞噬现象

在一般人的心目中，恒星是如此巨大的星体，在宇宙中的存在看不到始终。但是，即使是恒星这样大的星体，也会被"吞食"，这是一件令人难以想象的事情。

长期以来，天体物理学家就预言，两颗恒星如相离过近，其中一颗很可能被另一颗"吞掉"。现在已发现这种"吞食"现象真的发生了，位于某星云中部相距很近的一对恒星中的一颗被另一颗无情地"吞掉"了。美国阿肯色大学的格拉尔和路易斯安那州立大学的邦迪论证了这一罕见现象。

恒星的老化和潮汐相互作用使双星的运行趋于衰减，这样，两个恒星就越转越近，同时相互运转就越来越快，在此期间恒星又都在逐渐老化着，而老化恒星的命运很可能就变成一颗红巨星。在这种情况下，老化了的恒星外层就会扩展开，形成一层厚厚的但是十分稀薄的气圈。如若这时这颗老化恒星的伴星离得太近，这一外层就会将伴星包裹起来。而伴星一旦进入这一外层，其运行

速度就会受气圈阻力而减慢,并且开始螺旋形地向"吞食"它的那颗恒星的中部旋转进去。被"吞食"恒星在逐渐深入灼热深部的过程中失掉的能量则传输给了"吞食"恒星的气圈,这就使气圈的自旋率大大增加了。这种自旋力的增大使气圈中大量稀薄物质冲出形成一个环或晕,这一环或晕则环绕这一系统的中心等距离旋转。这时的中心则是由红巨星的核和它所"吞食"的伴星——两个分开的但又十分靠近的恒星所组成。

最近几年间,格拉尔和邦迪已发现某些红巨星的中心无疑是由相离很近的两个恒星组成的。他们的最新发现是位于巨蛇星座中被定名为艾贝尔41的星云里的一对双星。其双星运行周期仅为2小时43分,这表明两颗星之间相距很近。以前发现的这类双星运行周期在11~16小时(相距更远的双星运行周期的测定需多年时间)。

赞同恒星"吞食"说最早的依据是由托莱多大学的鲍普最先提供的。他发现某黄巨星的运行比预期的要快得多,于是就提出这些黄巨星之所以增加了它们的旋转运动,是由于它们"吞食"了伴星后得到了伴星的角动量。

恒星不仅能"吃掉"恒星,它还能"吃掉"自己的行星。这已被观测研究所证明。

天文学家观察到,麒麟星座中一颗恒星是怎样逐个"吞食"自己的行星的。这颗编号为V838的红巨星的首次爆发是在2002年1月被记录到,在短时间里它成为银河中最明亮的恒星——比我们的太阳明亮60万倍。但是当时科学家还不知道发生了什么,只是到现在才找到解释和原因。澳大利亚悉尼大学天文学家发表文章指出,该恒星每次爆发(在第一次爆发之后接着发生第二次)发生后,恒星会膨胀并"吞食"围绕自己旋转的巨大行星。从哈勃太空望远镜拍摄的照片中可清楚地看到,恒星"吞食"自己行星的情形是如何发生的。科学家认为,根据麒麟星座中发生的情况可以判断,经过10亿年后当太阳变成红巨星时,太阳系行星将面临同样的命运。

星星也会"吞食"星星,宇宙之大,真是无奇不有。

还魂的恒星

1996 年 2 月，一位日本天文爱好者在室外追踪彗星时，突然发现一颗亮星出现在人马座里，像火炬一样闪耀辉光。这位名叫樱井的爱好者以为自己发现了新星，按照国际惯例，他立即向国际天文协会作了报告。

樱井的发现很快在世界范围内传播开来，天文学家们纷纷把望远镜指向人马座天空。的确，这是一颗新发现的星。在大西洋东北部群岛上的望远镜很快看到了它，在美国德克萨斯天文台的大望远镜拍到了它的光谱，智利的望远镜也观测到了它。为了表彰樱井的成绩，国际天文协会将它命名为"樱井星"。

于是研究者纷至沓来，随着研究的深入，樱井星的新星资格出现了信任危机。新星是一种特殊天体，它的亮度只在几天内增加几百倍到几十万倍，几个星期后逐渐变暗，最后恢复如初。而樱井星在几个星期后依然光辉灿烂，耀眼闪光。两年以后，天文学家还能在它周围的微弱气体中观测到余晖。分析表明，这是一颗温度为6000℃、大小与地球差不多的白矮星，它的光是由濒临死亡的星收缩产生的。

白矮星是体积小，光度暗，颜色白而带蓝的星，是恒星世界

的"侏儒"。因为它白而小，所以叫它白矮星。它的直径同我们的地球差不多，质量却有太阳那么大，是一种密度很大的星。

白矮星收缩到地球大小时，突然膨胀开来，并且继续膨胀下去，像正在充气的气球一样，成为体积很大，腹内空空的红巨星或红超巨星。樱井星在两年内膨胀到100个太阳大小，成为星星世界的庞然大物。到1998年底变成一颗冷而亮的红超巨星，直径约有150个太阳直径大。这时，它里面继续收缩，外面继续膨胀，外壳与内核逐渐分离。膨胀的外壳变成云雾状的"行星状星云"，留在星云中心的恒星内核经过一番"脱胎换骨"改造后，变成隐没在它自己抛出的碎片和尘埃云中的白矮星。

樱井星在星际尘埃中悄然"消失"后又复活了，并且踏上新的征途，演出一幕惊心动魄的"活报剧"：以每秒数百千米的速度向空间吹出气体。这出"戏"吸引了不少天文学家，他们一方面用大望远镜观看它的精彩"表演"，一方面探索它起死回生的"还魂术"。或许有人以为它是宇宙怪胎吧？其实，樱井星绝不是浩瀚宇宙中稀有之物，而有它的"同志加兄弟"。据天文学家估计，宇宙中约有20%的小质量恒星在走向自己坟茔的过程中可以运用"还魂术"起死回生。因为恒星是在核反应中"燃烧"自己体内的氢来维持生命的，所以恒星的"还魂术"就是依靠对流过程把它周围的氢"翻腾"到核心区域进行核反应。在这个反应过程中，生成物越来越重，因此这种星的周围缺乏氢元素而富含重元素。目前在银河系中，像这样周围缺乏氢的白矮星至少有5个，它们都在过去某些时候死而复生过。表面上看，浩繁的银河系中只有5颗死而复生的星，数目并不多。其实，情况并非如此，只是它们复活的时间短促，我们没机会看到罢了。

科学界苦苦寻找的"X行星"

太阳系有没有第九颗大行星呢？长期以来天文学界争论不休。一些科学家为了论证和寻找这颗未知的星体，不惜耗费大量心血。不知道不等于不存在，有人已经迫不及待地称这一未知星体为"冥外行星"或者"X行星"了。

目前人类已知太阳系有八大行星，按照它们同太阳的距离由近到远，这些大行星依次是水星、金星、地球、火星、木星、土星、天王星、海王星和冥王星。其中，水星、金星、火星、木星和土星，都是人类的"老相识"。早在人类进入文明历史之前，这5颗星体就已经被长期观测了。至于地球，它的行星身份要到天文学有了突飞猛进的16世纪，才被正式确定。至此人们认识到，太阳系大行星家族共有6个成员。其他3个成员是人类在以后长达150年间逐一发现的，1781年发现天王星，1846年发现海王星，1930年发现冥王星（2006年，冥王星被排除行星范围）。

太阳系里不断地"添丁进口"，这就提示人们：太阳系里是否还有未被发现的其他大行星呢？位次已经排到了"老八"，"第九颗"自然引起科学家们极大的探索兴趣。有人顺口称它"冥外行星"（冥王星之外的行星），有人意味深长地称它是"X行星"—— X代表未知数。

人们为什么对一颗尚未证实的行星那样津津乐道呢？如上所说，发现天王星、海王星和冥王星的过程本身，就是对大胆猜测和努力探索"第十大行星"的一个有力支持。

天王星由旅居英国的德国天文学家威廉·赫歇耳（1738—1822）首先发现。

威廉·赫歇耳自幼酷爱天文学，不到20岁就被迫到英国谋生。他和妹妹卡罗琳·赫歇耳利用业余时间磨制天文望远镜的镜片，并一点一点地加大望远镜的尺寸，用于窥探天上的奇观。1781年3月13日夜晚，赫歇耳和往常一样观天，发现星空某一角的恒星间有一个模糊的斑点。两天以后，他又注意到这个斑点已经显著地移动了。毫无疑问，它不是恒星。不过，赫歇耳没有想到它是当时科学界所不知道的新行星，还以为是一颗特殊的彗星。他给英国皇家学会递交的报告题目就是"一颗彗星的报告"。赫歇耳发现新"彗星"的消息很快传遍了整个欧洲，许多天文学家都来观测这颗彗星并计算它的轨道。但是，这颗彗星非常奇特，它既没有"彗发"，也没有"彗尾"，而且它的轨道也与一般的彗星不一样：不是那种扁长的椭圆形或抛物线形，而是接近正圆形。所以这不可能是彗星，分明是一颗行星。人们经过一段时间的观察，终于承认它是太阳系的成员，将它命名为"乌拉诺斯"（Uranus，古希腊神话英雄。汉译"天王星"）。

天王星发现以后，科学家就开始着手进一步研究它的轨道。天王星的个子大，它的直径是地球的3.98倍，质量是地球的14.8倍，离开太阳的距离是地球与太阳距离的19.2倍，即28.7亿千米。人们发现，天王星运动的实际轨道，同根据理论计算出的牛顿轨道有一定的偏离。于是有人断言：在天王星的外围一定还有别的行星，正是它干扰了天王星的绕日运动。经过半个多世纪的探索研究、苦苦寻找，捷报终于传来。1846年8月，法国天文学家勒威耶发现了一颗新的大行星——海王星（Neptune，音译"尼普顿"，古罗马传说中的海神）；同年9月23日，勒威耶的同行好友、德国天文学家伽勒根据勒威耶的指点，在柏林天文台用望远镜观测到了这颗新星。

海王星的发现是猜想变为现实的一个成功例子，人类由此对太阳系的认识大大地扩展了，对发现新的大行星的信心也一下子提高了。因此，当天文学家们把实际观测到的海王星轨道和计算得出的运行轨道对比，同样发现了海王星的"越轨行为"时，有些天文学家表示，在海王星的外围一定还存在一颗没有发现的、离太阳更远的行星。在1879年，法国的弗拉马利翁在《大众天文学》

一书中就曾说过："海王星虽然是我们现今所知的最外边的一颗行星，但我们没有权力断定它的外边就没有别的行星。你以为一切都发现了吗？那真是绝顶的荒谬；这无异把有限的天边当作了世界的尽头。"

事实的确如此。随着时间的推移，关于天王星和海王星的观测资料越来越多，这两颗行星的实际运行轨道也越来越精确。与此同时，人们越来越强烈地感觉到，仅用太阳系内已知天体的影响还解释不了这两颗行星的运动。但是应该被发现的那颗"新星"迟迟不肯露面。要知道，在浩瀚星空中找到一颗毫不出众的陌生行星，该是多么困难！因此，这项工作在 19 世纪末叶没有取得任何进展。

困难没有使天文学家气馁。20 世纪初，海王星外存在一颗足够大的"海外行星"的意见，已经在天文学界比较普遍。1915 年，美国天文学家洛韦尔（他确信"火星人"的存在）发表"关于海外行星的报告"的论文。但是人们并没有在他指出的天区（黄经 84 度）找到新星。在 1930 年 2 月 18 日，洛韦尔天文台的美国天文学家汤博在检查双子座一张照片时，终于找到了这颗行星。19 日、20 日，通过连续观测，汤博确信它就是太阳系第八大行星。他还估计，这颗新星在海王星以外大约 16 亿千米，距离太阳 46 亿千米。后来这颗行星被正式命名为"普鲁通"（古希腊神话中的冥王）。

但是，新的问题接踵而至。冥王星是那颗导致天王星和海王星运动发生偏离的行星吗？

从 20 纪中叶起，电子计算机广泛应用于天文学研究。它们既被用于修正观测资料，也被用于改进轨道理论。结果发现，要说明天王星和海王星运动，冥王星的质量必须达到地球质量的十分之一。1978 年，美国天文学家克里斯蒂在冥王星周围发现了一颗冥卫星，由此精确确定出冥王星——冥卫系统的总质量只有 0.0022 个地球质量那么大，即只有上述要求质量的四十五分之一。

这样看来，冥王星显然不是那颗"作怪"的行星！它的质量太小，根本不足以对天王星和海王星的运动造成观测到的巨大的摄动。去发现大行星——"X 行星"，就这样被提到日程中来。

早在 1943 年，汤博在黄道附近一个很宽的天区内搜寻时就认为，在离日距离 120 天文单位（1 个天文单位是 1.5 亿千米）以内不会再有比地球更大的行星。现在，人们完全可以不借助于已知行星的偏移来寻找新的行星，而直接借助于更先进的工具——空间探测器就可以了。20 世纪 70 年代，人们向太阳系外层空间先后发射了 4 艘空间探测器。"先驱者"10 号和 11 号是最早发射的。根据两艘探测器发回的材料，人们没有找到有关第九颗行星存在的证据。后来，美国又发射了"旅行者"1 号和 2 号空间探测器。遗憾的是，这两艘探测器同"先驱者"11 号飞行的方向是一致的，因而也没有提供第十颗行星存在的任何信息。但是，这并未使天文学探索的脚步有任何停顿。

美国海军天文台的天文学家罗伯特·哈林顿，仍试图利用偏移来确定第九颗行星的位置。1978 年，他提出关于第九颗太阳行星的比较系统的说法。他经过研究认为，这颗行星的质量是地球的 2 ~ 3 倍，比地球大，比天王星和海王星小。它的距离非常遥远，离太阳平均距离大约 150 亿千米，单轨道运行需要一千年。这颗行星因为轨道长，所以变化大，近日点为 90 亿千米，远日点为 210 亿千米。这颗行星曾经在 18 世纪末到达近日点，而现在正远离我们而行。它的轨道与太阳系平面的倾角为 30°，位于南部天空，可能在南十字星座附近的半人马星座。

哈林顿还对这颗行星的形成进行了分析。他认为，这颗行星在很久以前曾

与海王星相撞过。当时，海王星的两颗卫星以及冥王星都以正常的圆形轨道绕海王星运转。由于两颗行星的相撞，颠倒了"海卫一"的轨道，使它绕海王星逆行；碰撞还拉长了"海卫二"的轨道，使它沿

着极扁的轨道运行；同时，撞击还把冥王星从海王星那里"抛"了出来，使其实现"独立"，并晋级升格为绕太阳运行的大行星。

自从哈林顿公布有关第九颗行星的预言，后来又出现了两种不同的预言。一是美国亚拉巴马州的康利·鲍威尔，他认为第九颗行星的位置应该在室女宫，其质量比地球小，与太阳距离跟冥王星差不多。巴西天文学家罗德尼·戈梅斯和西尔维奥·费拉兹—梅洛认为，这颗行星可能位于巨蟹宫或双子宫。

但是，流行的另一观点认为，太阳系里压根儿就不再有什么"未知行星"。天王星和海王星的运动偏离是可以另辟蹊径予以说明的。譬如说彗星总体质量可能大到足以产生同样的效果；在海王星不远处，可能有一个小黑洞；引力定律本身需要修改，等等。有人甚至干脆否认天王星和海王星的运动有真实的偏离，他们认为过去总说有"偏离"，那实际上是人们的观测资料不精确的缘故。

太阳系里是否存在第九颗大行星——X行星，到目前还是一个不解之谜。自天王星发现后，也许真如俗话说的，有再一、再二，没有再三、再四。但不少人希望仍是有的，因为天体力学证明，即使有颗行星位于离太阳600个天文单位处，它仍可能是太阳系的成员，只不过随着距离的增大，搜寻新的大行星是越来越困难了。

科学的历史告诉人们：科学的猜测和预见固然必不可少，但一切科学发现都有一个共性——它必须有确实可靠的证据，有铁证如山的事实。的确也有人煞有介事地宣称自己确实"发现"了冥外行星，但最后还是经不起科学的验证，最终被否定了。

太阳系之外的不懈探索

科学家使用哈勃望远镜观测到了一颗太阳系外的行星，了解了它的大气层化学成分，这为寻找类似于地球的行星提供了新的希望。

布鲁诺说："宇宙是无限大的，其中的各个世界是无数的。"这以后的很长一段时间里，人们对于这种说法表示认同，但是却拿不出实际的观测证据。在宇宙中有数不清的恒星，按说理应存在为数不少的行星。但是观测行星比观测恒星困难得多。行星比恒星的体积小很多，更关键的是，行星不发光，常规的观测手段——主要是光学波段的观测——很难奏效。事实上，即使是最大口径的天文望远镜也不能直接拍摄到太阳系以外行星的照片。而地外文明——倘若存在的话——只可能生活在行星上，而不是炽热的恒星表面。那么，怎样才能找到太阳系之外的世界？

太阳系外的行星总会露出点蛛丝马迹。如果直接观测不行，我们还可以用间接的手段。我们知道行星绕恒星运转是因为引力的作用。在地球上我们能感觉到太阳和地球之间的引力作用的效果，也就是地球每年绕太阳运转一周。但是我们很少注意到地球对太阳的作用。严格地说，"地球绕太阳运转"是一种粗略的说法。正确的说法应该是，地球，以及太阳系所有天体，都绕太阳系的质心运动。一个更清楚的例子是双星。人们在描述双星的时候更倾向于说两颗子星绕共同的质心运转，而不是把哪一颗作为占主导地位的恒星。这一观念有时候会帮天文学家的大忙。人们曾经认为天狼星没有伴星，当时的观测手段也无法拍摄到天狼星伴星的照片。但是科学家发现，天狼星在星空背景上以波浪线的方式移动。一种解释就是，天狼星有一个质量不算太小的"隐形"伙伴，它们相互绕行，因此天狼星的运动轨迹才会如此古怪。后来，借助于威力更大的望远镜，人们终于拍摄到了天狼星伴星的照片——那是一颗发着微弱光的白矮星。

1995 年，当几位科学家借助于这个概念寻找褐矮星（一类质量相当小、几乎不发光的恒星），他们观测遥远恒星的光谱。如果恒星拥有褐矮星的伙伴，在地球上的科学家看来，恒星会微微地"晃动"。表现在光谱上，由于多普勒效应，恒星的光谱会发生周期性的红移和蓝移。这样，他们发现了恒星飞马座51可能拥有褐矮星，然而经过仔细地计算，他们发现了一件不可思议的事情：那颗褐矮星的质量实在太小了——大约只有木星的一半。

于是，我们得到的最终结论是，飞马座拥有的不是一颗恒星伙伴，而是一颗行星。这个不同寻常的发现调动了人们的热情，仅仅过去了 6 年时间，已经有超过 70 颗行星就这样被我们找了出来。这种间接的手段尽管有效，但是结果并不令人满意。我们只能知道那里有一颗行星，它的轨道参数大致是多少，是什么性质的恒星（迄今发现的绝大部分是类似于

木星的气态行星）。

1999 年，科学家发现在飞马座的一颗叫做 HD209548 的行星拥有一颗星。这颗行星的质量大约是木星的 70%，以每 3.5 天绕恒星运转一周的疯狂速度运行着（它距离恒星非常近，以至于表面温度非常高）。这颗行星有一个性质，那就是从地球观察者的角度看来，每 3.5 天它都会飞临 HD209548 表面，这被称作"凌日"现象。我们知道，当一个连续光谱（比如太阳光就是连续光谱，即在一定范围内包含了频率连续的电磁波）穿过较冷的气体的时候，气体中的元素会吸收掉一部分特定频率的光。每一种元素可以吸收的光都不同。使用光谱仪拍摄这种光谱的照片，可以看到，原本连续的光谱上出现了黑色的条纹——即所谓的吸收线。

行星经过 HD209548 的时候，它的大气层也会吸收一部分光线，形成吸收光谱。科学家借助哈勃太空望远镜的成像光谱仪（STIS）拍摄了这颗行星凌日时的光谱照片。2001 年 11 月 25 日，美国宇航局的科学家公布了他们的研究结果：这一光谱照片揭示了环绕 HD209 548 运行的行星大气层的化学成分。这颗行星的大气中含有大量的钠元素，但是比科学家预计的要少（早些时候科学家已经确定这颗行星类似于木星，表面相当热），这可能是因为行星大气高层的云挡住了部分光线而导致的误差。

这样的结果或许有点让人失望，因为这颗行星并不适宜生命的存在，它的表面温度高达 1000 多摄氏度。但是这种探测遥远行星大气层的方法非常有用。科学家认为，找到类似于地球这样的行星并不是非常困难的。借助于这项技术，科学家就有可能分析出有哪些"地球"大气的化学成分，从而推断那里是否存在生命。迄今为止，地球是唯一拥有生命的星球。然而，由于有了这项技术，我们也许很快就能知道，地球以外的生命，究竟在哪里。

科学的进步和发展，给人类带来了越来越多的惊奇，让我们静静地等待吧！我们相信，总有一天，我们会在茫茫的宇宙中找到适合人类居住的其他星球。那将是我们全人类的盛事。

美丽的流星

在太阳系中，除了八大行星和它们的卫星之外，还有彗星、小行星以及一些更小的天体。小天体的体积虽小，但它们和八大行星一样，围绕太阳公转。如果它们有机会经过地球附近，就有可能以每秒几十千米的速度闯入地球大气层，其上面的物质由于与地球大气发生剧烈摩擦，巨大的动能转化为热能，引起物质电离，发出耀眼的光芒，这就是我们经常看到的流星。

流星雨是一种成群的流星，看起来像是从夜空中的一点迸发、并坠落下来的特殊天象。这一点或一小块天区叫做流星雨的辐射点。为区别来自不同方向的流星雨，通常以流星雨辐射点所在天区的星座给流星雨命名。如每年 11 月 17 日前后出现的流星雨辐射点在狮子座中，就被命名为狮子座流星雨，另外还有宝瓶座流星雨、猎户座流星雨、英仙座流星雨等。

流星雨的规模大不相同。有时在一小时中只出现几颗流星，但它们看起来

都是从同一个辐射点"流出"的，因此也属于流星雨的范畴；有时在短短的时间里，在同一辐射点中能迸发出成千上万颗流星，就像节日中人们燃放的礼花那样壮观。当每小时出现的流星数超过1000颗时，称为"流星暴雨"。

形成流星雨的小块物质都是沿着平行的方向进入地球大气层的。流星雨之所以看起来是从一个辐射点上迸发出来的，这是一种视觉效果。